NINA RUGE | GÜNTHER BLOCH

Was **fühlt** mein Hund?

Was **denkt** mein Hund?

Hundeexperte antwortet
Hundefreundin

NINA RUGE | GÜNTHER BLOCH

Was **fühlt** mein Hund?
Was **denkt** mein Hund?

Hundeexperte antwortet
Hundefreundin

Jeder Hundebesitzer

wird mir recht geben, wenn ich behaupte, dass Hunde genauso fühlen wie wir. Doch die Wissenschaft war da lange anderer Meinung. Über die Gefühle oder das Seelenleben unserer vierbeinigen Gefährten forschte man nicht. Das hat sich erst in den vergangenen fünf, sechs Jahren geändert: Zunächst erregten erste Intelligenzstudien an Hunden die Aufmerksamkeit, später kam dann die eine oder andere »Gefühlsanalyse« dazu. Doch publiziert wurden diese immer hoch fachlich-sachlichen Forschungsergebnisse fast nur unter der Rubrik »Natur und Wissenschaft« in Tageszeitungen und Magazinen. So kam ich auf die Idee, selbst einen Profi über den aktuellen Stand der

Forschung zu befragen. Und zwar so, dass auch wir »normalen« Hundebesitzer etwas damit anfangen können. Meine Wahl fiel auf Günther Bloch! Schließlich ist er der »Ahnenforscher« des Haushundverhaltens, weil er seit über 20 Jahren mit Wölfen lebt, ihr Verhalten studiert und seine Erkenntnisse nutzt, um uns das Verhalten unserer Vierbeiner zu erklären. Ihm habe ich meine Wahrnehmung von Hundeliebe, Hundeeifersucht, Hundestress und Hundelebenslust in zahllosen kleinen Begebenheiten geschildert, und meine Fragen gleich hinterhergeschickt. An ihn, den Wolfs- und Hundeverhaltensforscher und Menschenkenner. Zugegeben: Es war nicht immer schmeichelhaft, was an Antworten zurückkam. Doch ich habe hoch spannende praktische Erkenntnisse für das Leben mit meinen zwei Fellnasen gewonnen. Meine Liebe zu ihnen wurde dadurch noch wärmer, tiefer und verständnisvoller. Ich hoffe jetzt also nur eins: Dass es Ihnen, liebe Leser, genauso geht.

Nina Ruge

Als Nina Ruge an mich herantrat, um mich als Co-Autor für ein gemeinsames Buchprojekt zu gewinnen, war ich zugegebenermaßen erst einmal skeptisch. Eine Fernsehjournalistin will ein Buch über Hunde schreiben? Kann das seriös sein? Doch ich merkte bald: Ja, das geht! Weil Nina Ruge interessante Fragen aufwirft, abseits der üblichen »Sitz-Platz-Komm«-Thematik. Und weil sie ernsthaft wissen wollte, ob Hunde tagtäglich nur eine Art verhaltensbiologisches Instinkt-Programm herunterspulen oder ob sie auch Emotionen, Gefühle und Empathie zeigen.

Über zwei Jahrzehnte ist es jetzt her, seit ich, basierend auf umfangreichen Verhaltensbeobachtungen an frei lebenden Wölfen, erstmals von unverwechselbaren Persönlichkeiten, sozio-emotionalen Stimmungen, gefühlsbetonten Launen oder trauernden Wolfsindividuen berichtet habe. Als ich mich wenig später sogar noch wagte, das gemeinhin akzeptierte Bild vom dominanten »Alphawolf« zu ramponieren, wurde ich vielerorts für verrückt erklärt. Und noch immer bewegt man sich auf dünnem Eis, wenn man über Liebe unter Wolfspaaren oder über verwilderte Haushunde schreibt, die gefühlsbetont miteinander kommunizieren und gemeinsam ihre kleinen und großen Alltagssorgen teilen. Doch all diese Beobachtungen haben mir geholfen, Nina Ruges Fragen so präzise wie möglich beantworten zu können. Und damit einem Ziel näherzukommen: Dass der Mensch den Hund besser versteht.

Günther Bloch

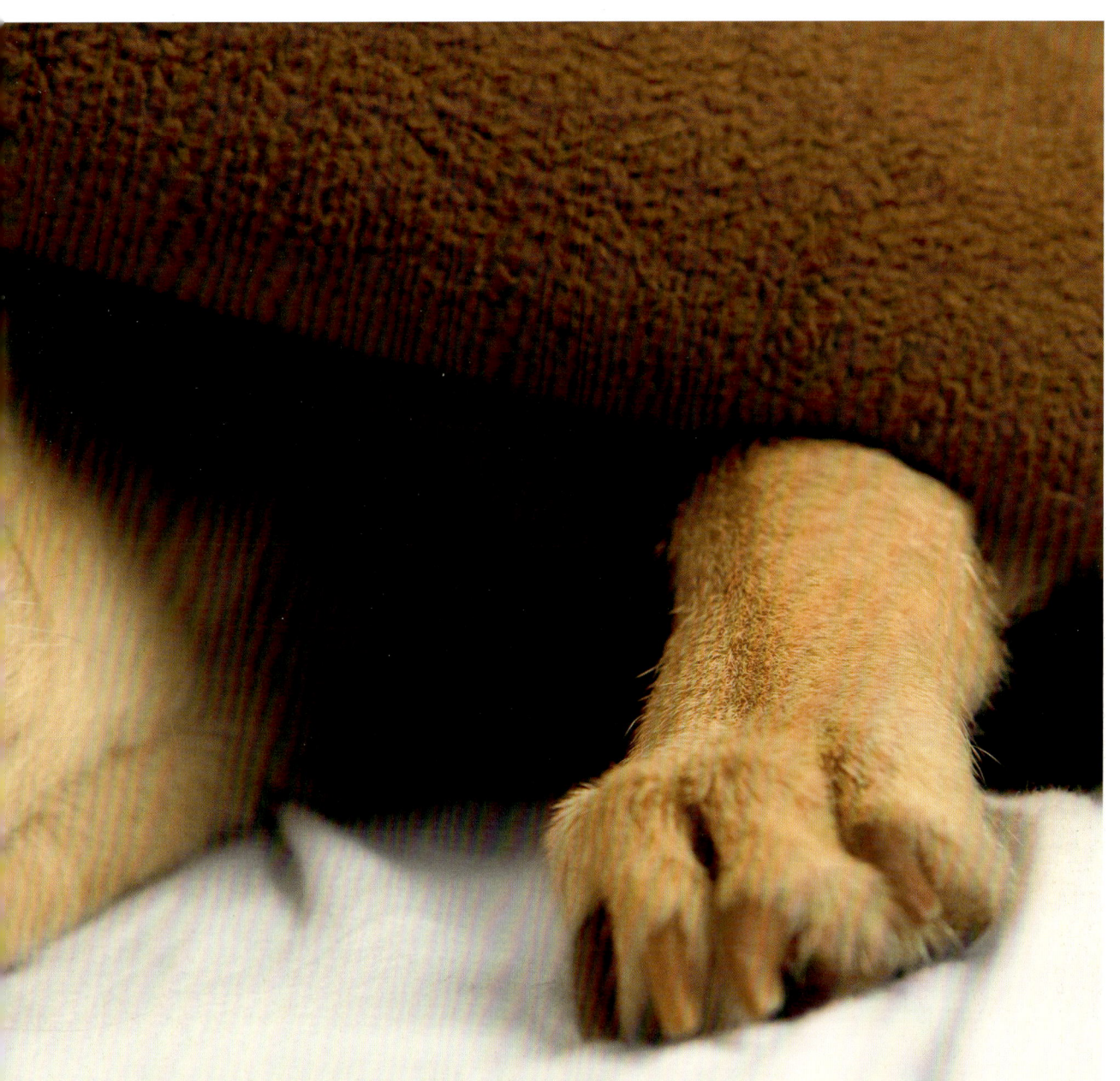

Mein Hund,
das unbekannte Wesen

Die Seele des Hundes

Wundertier Hund

Klar, Hunde müssen fressen, saufen und laufen. Aber sie wollen auch spielen, schmusen und lernen. Denn diese gefühlvollen Wesen haben ein weitaus facettenreicheres Seelenleben, als viele von uns vielleicht vermuten. Dürfen sie ihre Persönlichkeit nicht ausleben, leidet ihre Lebensfreude.

Haben Hunde eine Seele?

NINA RUGE: So oft unsere Hunde auch herumtoben, liegen sie doch auch gerne einfach mal auf der faulen Haut. Heute Morgen zum Beispiel beobachtete ich unseren Entlebucher Sennenhund Lupo dabei, wie er ganz offensichtlich zutiefst zufrieden vor sich hin döste. Er sah so selig aus. Und schon schoss mir ein Gedanke durch den Kopf: Haben Hunde überhaupt eine Seele? Ich begann zu grübeln: Was ist die »Seele« eigentlich rein wissenschaftlich gesehen? Unterscheidet sie sich von Emotion und Psyche? Kann man diese Begriffe überhaupt voneinander abgrenzen? Oder entzieht sich die Seele jedem forschenden Instrumentarium? Meine Recherche im Internet brachte mich nicht viel weiter: »Im heutigen Sprachgebrauch ist oft die Gesamtheit aller Gefühlsregungen und geistigen Vorgänge beim Menschen gemeint.« Aha. Scheinbar haben also nur Menschen eine Seele.

Weiter las ich, dass die Begriffe Seele und Psyche quasi ein und dasselbe beschreiben.

Ist »Psyche« also der wissenschaftlich definierte Abdruck der Seele? Na gut, die Seele als »Gesamtheit aller Gefühlsregungen und geistigen Vorgänge« zu beschreiben, das ist zwar nicht wirklich wissenschaftlich, aber es gefällt mir. So kann ich die »Innenwelt« meiner Hunde wunderbar beschreiben, ohne mich mit lästigen Kategorisierungen aufhalten zu müssen. Und ich kann mit dem Brustton der Überzeugung sagen: Meine Hunde haben ein Seelenleben. Stimmt das? ∎

GÜNTHER BLOCH: Ich persönlich halte gar nichts von der Behauptung, der Mensch wäre das einzige Tier mit Seelenleben. Dagegen sprechen allein schon die Erkenntnisse aus der Delfin- und Orkaforschung. Wer würde heute noch bezweifeln, dass diese hochintelligenten Meeressäuger ein Bewusstsein haben? Dasselbe gilt auch für Kaniden, wie unsere Haushunde, und, wie unsere neuesten Studienergebnisse zeigen, in besonderem Maße auch für Rabenvögel. Die Gefühls- und Hirnforschung zeigt außerdem ziemlich eindeutig, dass viele Tiere emotionale Regungen verspüren. Ich persönlich halte es, wie meine Kollegin Elli Radinger und ich es ausführlich in unserem Buch »Affe trifft Wolf« beschrieben haben, sogar für sehr wahrscheinlich, dass der Urmensch Empathie, soziale Ethik und Moral einst vom Wolf gelernt hat. Allerdings weiß ich auch, dass ich mich damit rein naturwissenschaftlich wohl in einer Grauzone befinde. Doch ich entgegne auf den Hinweis, dass es an beinharter Erkenntnis zum Thema Tierseele noch mangelt, gerne: Kann der Mensch wissenschaftlich belegbar beweisen, dass er eine Seele hat beziehungsweise dass Kaniden keine haben? Wohl kaum. Und daher plädiere ich wie in der Rechtswissenschaft: Im Zweifel für den Angeklagten.

Auch Tiere haben ein Bewusstsein

Allerdings ist »Seele« ja ein völlig abstrakter Begriff, der noch dazu oft ein stark religiöses

Hunde wollen sich an uns binden. Wird dieses Verlangen nicht erfüllt, leidet ihre Seele.

> *Hundehalter, die bereit sind, über den Tellerrand zu blicken, erhalten aus der Wolfswelt viele wichtige Informationen mit ›sozialem Inhalt‹.*

und philosophisches Gewicht hat. Wissenschaftler sprechen deshalb lieber von Bewusstsein im weitesten Sinne. Die »Seele« eines Tieres würde somit die Gesamtheit seines verhaltensbiologischen und sozioemotionalen Repertoires bezeichnen, einschließlich der Frage nach seinen Absichten, momentanen Gestimmtheiten und Stimmungen. Kaniden sind zum Beispiel stets bemüht, mit allen Mitgliedern der Gemeinschaft, in der sie leben, zu kommunizieren. Sie tun das zugleich auf sozialer als auch auf emotionaler Ebene. Die Tiere müssen schließlich nicht nur den sozialen Rang jedes Mitbewohners richtig einschätzen, sondern auch seine typischen Charaktereigenschaften oder das momentane Befinden. Nur so können sie beurteilen, ob ein Gruppenmitglied situationsbedingt schlechte Laune hat, ob es wütend, traurig, beleidigt oder freudig erregt ist. Genauso drücken Hundeartige ihr momentanes Befinden auf unterschiedliche Art und Weise aus, je nachdem, wie sie sich gerade fühlen. Sobald sich Hundeartige untereinander und/oder mit uns Menschen beschäftigen, sind also immer auch Gefühle im Spiel. Doch noch mal zurück zur ursprünglichen Frage: Ja, lassen wir die oben angeführte Definition der »Gesamtbefindlichkeit« gelten, haben Hunde durchaus eine Seele. ■

Endlich Zeit füreinander. Solch innige Momente genießen Mensch und Hund gleichermaßen.

Empfinden Hunde Gefühle wie Freude und Liebe?

NINA RUGE: Für mich steht außer Frage, dass unsere Vierbeiner unterschiedliche Emotionen kennen und durchleben. Und ich kann mich immer wieder nur darüber wundern, dass manche Menschen daran zweifeln. Dieses glückliche Jauchzen, wenn Lupo hört, wie sich der Schlüssel im Haustürschloss dreht. Wie er dann heransaust, sich auf den Rücken wirft, mit den Beinen strampelt, grunzt, quietscht und im Über-schwang auch mal ganz hoch hüpft, obwohl er weiß, dass er das nicht darf. Das soll keine Freude sein? Niemals!

Ein anderes Beispiel: Sobald ich mich zu meiner Großen Schweizer Sennenhündin Vroni hinunterbeuge, schleckt sie mir hingebungsvoll den Hals. Sie knabbert zärtlich an meinen Händen, wenn ich ihren Kopf berühre. Rollt sich voll Wonne auf den Rücken und grunzt, damit ich ihr den Bauch massiere. Verdreht ihre Augen und gibt mir ein Bussi. Wie traurig schaut sie mich an, wenn ich dann wieder aufstehe und sie »verlasse«. Alles nur Einbildung?

>> *Werden Haushunde nicht artgerecht gehalten, fühlen sie sich auf emotionaler Ebene einfach nur miserabel.* <<

Verklärung einer Hundenärrin? Niemals. Das ist Liebe pur. Also, für mich steht fest: Hunde haben Gefühle. Und die ähneln unseren eigenen ganz gewaltig. Aber was ist, wenn ein Hund keine Möglichkeit hat, all diese Gefühle auch auszuleben? Wirkt sich dies nicht negativ auf sein Seelenleben aus? ■

GÜNTHER BLOCH: Da sind wir uns einig. Die Gefühlswelt der Hundeartigen ähnelt unserer eigenen enorm. Wir sollten uns diesbezüglich auch durch niemanden beirren lassen. Worüber man stattdessen diskutieren sollte, ist, wann, wie und in welcher Form hundliche Emotionen zum Ausdruck kommen. Damit muss sich jeder Hundehalter ernsthaft auseinandersetzen – und er tut dies am besten, indem er die körpersprachliche Gestik und Mimik seines Hundes im jeweiligen Verhaltenszusammenhang tagtäglich genau beobachtet.

Mensch und Hund sind über die Jahrtausende hinweg ein unschlagbares Team geworden.

Heute sprechen selbst angesehene Wissenschaftler wie Marc Bekoff, ehemaliger Professor für Ökologie und Evolutionsbiologie an der Universität von Colorado in Boulder, oder der holländische Zoologe und Primatenforscher Frans de Waal Tieren die Fähigkeit zu Mitgefühl, wie Trauer oder Versöhnungsbereitschaft, zu. Während letzterer vor allem über das Sozialverhalten von Menschenaffen, wie Schimpansen, Orang-Utans und Gorillas forscht, galt das besondere Interesse Bekoffs schon früh Kaniden, wie Wölfen, Kojoten und Haushunden. Nicht umsonst zählt auch das bekannte Standardwerk »Hundepsychologie« der Ethologin Dorit Feddersen-Petersen im Untertitel neben den Begriffen »Sozialverhalten«, »Wesen« und »Individualität« auch die Emotionen auf. Trotzdem bewegen wir uns in Bezug auf eine hundertprozentige naturwissenschaftliche Beweislage auf etwas dünnerem Eis. Nichtsdestotrotz: Ich persönlich halte es für mehr als abenteuerlich, das Gefühlsleben von Tieren auf ihr Instinkt- und Triebverhalten zu reduzieren, auch wenn das in einigen Teilen der »Hundeszene« durchaus üblich ist. Vor allem die Anhänger des *Behaviorismus*, also jenes Wissenschaftszweigs, der das Verhalten von Lebewesen ohne irgendeine Innenschau und Einfühlung beobachtet, lehnen jegliche tierische Emotion kategorisch ab. Ihre Begründung: Gefühle seien aus naturwissenschaftlicher Sicht nicht zweifelsfrei nachweisbar. Das mag zwar sein, erscheint mir aber als »fachliche« Erklärung mehr als dürftig.

Die Körpersprache der Hunde ist diffizil. Man muss genau hinsehen, um sie zu verstehen.

Von den Wölfen lernen

Wenn meine Frau und ich versuchen, das Familienleben »unserer« Wölfe in all seinen Facetten akribisch genau zu dokumentieren, berücksichtigen wir immer auch den gesamten Kontext, in dem wir die gezeigten Verhaltensweisen beobachten, einschließlich der ausdrucksstarken, sehr nuancenreichen Körpersprache dieser Tiere. Summa summarum ist für uns entscheidend, was vor einer bestimmten Situation geschah und wie sich die Tiere im Anschluss daran verhalten. Ich nenne hier einfach einmal ein beliebiges Beispiel: Ein Wolf mit einem Stock im Maul nähert sich einem anderen in tänzelnder Schrittfolge. Er legt den Stock ab, nimmt eine spieltypische Vorderkörpertiefstellung ein und fordert sein Gegenüber mittels extrem übertriebenen angedeuteten Bewegungen zum gemeinsamen Herumtoben auf. Daraufhin packt mal der eine, mal der andere den Stock, rennt los und lässt ihn dann bewusst wieder fallen. Die Rollen von Jäger und Gejagtem wechseln mehrfach. Besitzanzeigendes Verhalten: Fehlanzeige. Die sonst üblichen Regeln des reinen Wettbewerbsverhaltens sind außer Kraft gesetzt. Stattdessen haben die spielenden Wölfe ganz offensichtlich einfach Freude miteinander. Und das Gleiche gilt für Haushunde.

Anders sieht die Sache in Bezug auf deren emotionale Bindungsfähigkeit aus. Wölfe leben im Gegensatz zu Hunden monogam. Es ist keineswegs unüblich, dass Wolfspaare über Jahre hinweg zusammenbleiben, bis einer der beiden stirbt. Ich würde mich in diesem Zusammenhang daher nicht scheuen, ganz bewusst von »Liebe« zu sprechen. Ich bin davon überzeugt, dass Wolfseltern – wie wir Menschen – tiefe emotionale Bindungsbeziehungen eingehen und sich in diesem Verständnis regelrecht ineinander verlieben. Dagegen legen unsere Studien an

Wölfe kommunizieren ständig miteinander, und Hunde tun das auch – mit ihresgleichen und mit uns.

Straßenhunden in Italien eher den Schluss nahe, dass bei wild lebenden Hundeeltern eine enge Paarbindung zwar durchaus eine Rolle spielt. Während der Paarungszeit jedoch verhalten sich die Hunde alles andere als monogam. Trotz alledem würde ich behaupten, dass auch Haushunden das positive Gefühl, sich zu verlieben, nicht fremd ist. Emotionale Innigkeit fühlen auch sie.

Gefühle wollen gelebt werden

Und so komme ich zur letzten Frage, auf die ich eine klare Antwort geben kann: Jedes Hundeindividuum, das seine Emotionen und Gefühle im Zusammensein mit dem Menschen – aus welchen Gründen auch immer – nicht ausleben kann, leidet. Einem solch bedauernswerten Hund fehlt nämlich etwas Entscheidendes zum seelischen Ausgleich: das sozioemotionale Verständnis. Kaniden fühlen sich nur dann »seelisch« wohl, wenn ihre Grundpersönlichkeit einschließlich all ihrer besonderen Fähigkeiten Anerkennung erfährt und nicht vonseiten des Menschen unterdrückt wird. Je mehr diese Grundsatzregel der Persönlichkeitsrespektierung missachtet wird und je weniger sich eine Hundepersönlichkeit entfalten darf, desto stärker fallen etwaige Abweichungen von der »Verhaltensnorm« ins Gewicht. Während introvertierte Hunde sich in so einem Fall eher zurückziehen und still »leiden«, neigen extrovertierte Persönlichkeiten schnell zu »Protestverhalten«. ■

Wer seinen Hund als Persönlichkeit akzeptiert, schafft die Grundlage für eine tolle Beziehung.

Die Gefühlswelt unserer vierbeinigen Freunde ist nicht weniger ausgeprägt als unsere eigene. Sie empfinden wie wir Freude und Zuneigung, aber auch Sehnsucht, Eifersucht oder Trauer.

Kennen Hunde auch negative Gefühle?

NINA RUGE: Wie wohl jeder Hundebesitzer habe ich schon beobachtet, dass Vierbeiner hin und wieder durchaus auch von »dunklen« Gefühlen übermannt werden. Lupo beispielsweise kann sich richtig ärgern, und wie! Wenn wir beispielsweise zum Gassigehen in den Park aufbrechen, freut er sich wie ein Kugelblitz, dass er gleich rennen, spielen und toben darf. Aber was passiert stattdessen: An jeder Straße halten wir an. Mindestens zehn-, fünfzehnmal, ehe das Hundeparadies endlich erreicht ist. Das frustriert ihn natürlich. Und so bleibt er zwar an der Bordsteinkante brav stehen, bevor es über eine Straße geht, aber er bellt mich an und schaut vorwurfsvoll zu mir auf. Ähnliches habe ich beobachtet, wenn ihm langweilig ist. Er entdeckt dann zum Beispiel ein Plüschtier auf der Fensterbank, hüpft hoch, packt es, rennt mit stolz erhobener Rute zu mir und hält mir seine Beute triumphierend unter die Nase. Was für eine

>> *Wenn Sie mehrere Hunde halten, sollten Sie tunlichst vermeiden, die Tiere auf irgendeine Art ungleich zu behandeln.* «

Frustration, was für ein Ärger, wenn ich auf all seine Bemühungen lediglich mit einem kurzen »Nein« reagiere. Gleich geht es los mit dem Protestgekläffe.

Ist Lupo etwa eifersüchtig?

Seine Eifersucht kann Lupo ganz offensichtlich genauso schlecht verbergen wie seine Wut. Rufe ich »Vroni«, kommentiert er dies mit einem bösen Kläffer. Beuge ich mich im Vorbeigehen kurz zu seiner »Schwester« hinunter, um ihr über den Rücken zu streicheln, kommt Lupo sofort angeschossen, zwängt sich dazwischen und schaut mich auffordernd an: »Ich bin die Nummer eins! Erst ich, ich, ich!« Sogar die Kaustangen macht er ihr streitig, obwohl er diesen Dingern noch nie etwas abgewinnen konnte. Aber wenn ich Vroni eine davon zustecke, klaut er sie ihr regelrecht unter der Nase weg, lässt sich triumphierend vor ihr nieder und kaut so begeistert, als gäbe es nichts Schöneres auf der Welt. Den Höhepunkt erreichte sein Neid ganz offensichtlich, als Vroni bei einem Fernsehabend zu mir an die Couch kam, um sich ein paar Streicheleinheiten abzuholen. Kaum ging ich auf ihren Wunsch ein, quietschte Lupo auf und verließ schmollend den Raum.
Was um Himmels willen soll das anderes sein als profane Eifersucht? ∎

GÜNTHER BLOCH: Wenn es um das Thema Eifersucht unter Hunden geht, frage ich mich immer, wie die ausnahmslos auf Instinkte und Triebe reduzierte Definition im Zusammenhang mit Menschen lauten würde? Ganz einfach: Man gönnt einem Mitmenschen nicht, was der gerade hat oder geschenkt bekam. Eine nüchterne Erklärung, für die es keiner stundenlangen Debatten bedarf. Aber sind wir deshalb einfach nur umherwandelnde »Instinktautomaten« ohne Emotionen? Natürlich nicht. Eine solche Behauptung würden wir

»Ich hab doch nichts getan.« Oft genügt ein Blick, um uns um den Finger zu wickeln.

>> *Wenn sich zwei Lebewesen nach einem Streit wieder vertragen, muss Sympathie im Spiel sein. Das ist bei Hunden nicht anders als bei Menschen.* <<

entrüstet von uns weisen, oder? Warum aber sollte es bei Tieren anders sein – noch dazu bei sozial hoch entwickelten Säugern, wie es Hunde anerkanntermaßen sind? Nein, auch unsere Vierbeiner können sich über gewisse Dinge so richtig ärgern und verhalten sich damit nach unserem menschlichen Verständnis sehr wohl eifersüchtig.

Wir gehören zusammen: Hunde wollen sich uns anschließen und suchen unsere Nähe.

Auf Streit folgt Versöhnung

Die momentanen Eifersüchteleien sind aber nur die eine Seite der Medaille. Daher ist es wichtig zu überprüfen, ob der Hund nach einer kurzen egoistischen Phase im Umgang mit den vierbeinigen Lebensgefährten wieder aktive Bereitschaft zur Versöhnung zeigt. Dazu ein kleines Beispiel aus der blochschen Hundewelt: Wenn sich meine Owtscharka-Hündin Raissa nach einem kurzen Konflikt mit meinem Laika-Rüden Timber wieder verträgt und als eindeutig Ranghöhere sogar aktiv Bereitschaft zur Versöhnung zeigt, indem sie über Timbers Gesicht schleckt und ihm Körperkontakt anbietet – als was soll ich diese soziofreundliche Geste denn werten? Bei uns selbst würden wir diese emotionale Stimmungsübertragung wahrscheinlich sogar als ethisch-moralische Bereitschaft für den guten Willen verstehen, sich wieder zu vertragen. Weil sich Hundeartige in einer exakt vergleichbaren Lebenssituation genau so verhalten wie wir – einschließlich der in diesem Moment ausgedrückten Gestik und Mimik –, sehe ich kein nachvollziehbares Gegenargument dafür, irgendeine anders lautende Begründung anzugeben. Die Hunde haben den Konflikt vergessen und wollen einfach wieder Frieden schließen.

Der Kontakt zu Artgenossen ist für Hunde lebenswichtig. Kein Mensch kann ihn ersetzen.

Gefühle regeln das Sozialgefüge

Bei den Wölfen ist es übrigens nicht anders: »Unsere« ranghohen Tiere zeigen nach einer sozialen Konfliktsituation aktive Versöhnungsbereitschaft gegenüber rangtieferen. Wozu sollte diese gefühlsbetonte Annährung gut sein, wenn es ausschließlich um Machtdemonstration ginge. Nein, ich bin überzeugt davon, die Tiere empfinden etwas gegenüber ihren Gruppengefährten. Diese Gefühle regeln das Zusammenleben in einer Sozialgemeinschaft, sie sind ebenso verantwortlich für den Zusammenhalt innerhalb einer Familie wie für das Verhalten gegenüber Feinden. Aber nur weil man in einem Moment vielleicht einem anderen Beziehungspartner etwas nicht gönnt, heißt das noch lange nicht, dass man in Kanidenkreisen anschließend nicht bewusst Versöhnungsbereitschaft signalisieren kann. Dazu sind Wolf und Hund definitiv in der Lage. Und genau deshalb halte ich es mit meinem großen Lehrmeister, dem kanadischen Verhaltensökologen Dr. Paul Paquet von der Universität Calgary. Wolf und Hund sind nach unserer übereinstimmenden Meinung auch sozioemotionale Lebewesen mit enormem Tiefgang. Basta! ∎

Wie wirkt sich Trauer auf das Seelenleben aus?

NINA RUGE: Wahrscheinlich könnten uns unsere Vierbeiner gar nicht so nahe stehen, würden sie weder Freude, Liebe und Ärger noch andere Gefühle verspüren. Trotzdem erstaunt es mich, wie ähnlich sie uns sind, wenn sie trauern. Als Vronis Vorgängerin Simba 2011 schwer krank wurde, lebten wir alle in einem »Ausnahmezustand«, selbst Lupo. Ich war die meiste Zeit mit Simba in der Tierklinik. Wenn ich abends nach Hause kam, freute sich Lupo zwar, doch er freute sich in Moll. Anstatt wie sonst zu quietschen und sich vor Freude zu überschlagen, wedelte er nur zart mit dem Schwanz. Sobald ich mich hinsetzte, legte er sich auf meine Füße. Das tat er sonst nie. Lupo suchte überhaupt viel mehr Körperkontakt. Aber er zog sich auch öfter zurück. Er lag dann brav in seinem Körbchen oder verkrümelte sich in irgendeine Ecke.

Wenn ein Freund plötzlich fehlt, brauchen auch Hunde Zeit, den Verlust zu bewältigen.

>> *Brauchen auch Hunde Trost und Aufmerksamkeit, wenn ein geliebtes ›Familienmitglied‹ stirbt, oder kommen sie alleine damit zurecht?* <<

Ich war mit den Nerven völlig am Ende, und Lupo war mein Held – er war einfühlsam, liebevoll und zurückhaltend.

Können Hunde depressiv sein?

Was mir aber zunächst gar nicht auffiel: Seit Simba in der Klinik war, fraß er nur noch ganz wenig, ließ den Kopf hängen, legte öfter mal langsame Schlurf-Phasen ein. Wäre er ein Mensch, hätte ich gesagt: Der ist depressiv! Heute, im Rückblick, denke ich: Sein »liebevolles« Verhalten mir gegenüber und meine eigene Fixierung auf Simbas Schicksal hat mich übersehen lassen, dass Lupo richtiggehend litt. Alles roch nach Simba – besonders ich, wenn ich von ihr kam. Vielleicht waren da auch Spuren der Krankheit zu erschnüffeln.

Nach Simbas Tod dauerte es einige Wochen, bis Lupo wieder der Alte war: energiegeladen, hungrig, versessen aufs Spielen. Aber auch dann hat er sich nie in Simbas verwaistes Körbchen gelegt oder ihr Lieblingsstofftier angerührt. Ich bin überzeugt: Lupo hat gelitten, hat getrauert, war phasenweise richtig depressiv. Er hat seine große kleine »Schwester« einfach sehr vermisst. Kann das sein? ∎

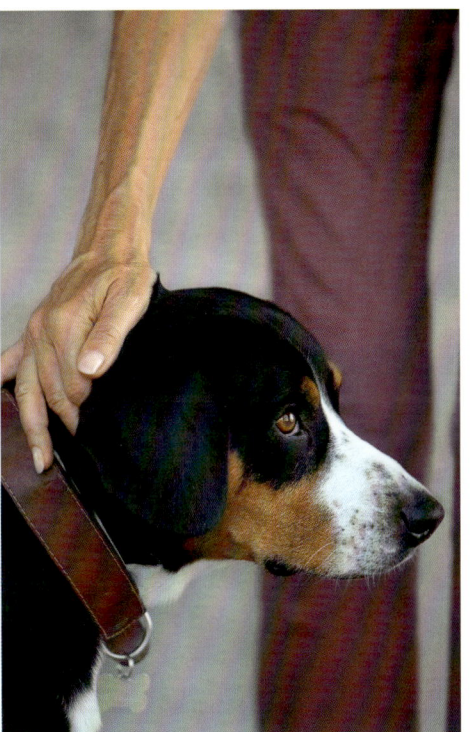

In emotionalen Krisen ist ein starker Mensch dem Hund eine wichtige Stütze – und umgekehrt.

>> *Unvorhersehbare Schicksalsschläge, wie ein Unfall oder der Verlust eines engen Sozialpartners, können das Bewusstsein eines Hundes sehr stark verändern.* <<

GÜNTHER BLOCH: Wie es aussieht, unterhielt Lupo nicht nur zu seinen menschlichen Sozialpartnern eine tief verwurzelte Freundschaft, sondern auch zu seiner vierbeinigen Beziehungspartnerin Simba. Daher sollte man seine Verhaltensveränderung als das deuten, was es ganz offensichtlich war: Lupo fühlte sich nach dem Tod von Simba unwohl. Er trauerte um einen lieb gewonnenen Vierbeiner, der genauso zur »Familie« gehörte wie er selbst.

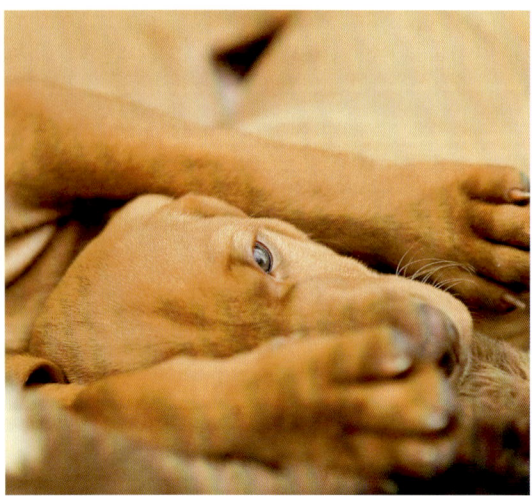

Hunde lieben Nähe und zeigen das oft und gerne, indem sie ausgiebig kuscheln.

Trauer hat viele Gesichter

Das heißt nun nicht, dass alle Hunde trauern, wenn ein Gruppenmitglied stirbt. Entscheidend dafür ist, wie eng die Beziehung zwischen den beiden zu Lebzeiten war. Der Rang und das Alter dagegen scheinen keine Rolle zu spielen. So zeigen unsere Beobachtungen zum Beispiel, dass Wölfe um enge verstorbene Beziehungspartner trauern. Sie sind dann unruhig, »irgendwie schlecht drauf«, heulen leidvoll und suchen immer wieder diejenigen Orte auf, an denen einer ihrer vertrauten Familienangehörigen verstorben ist. Dabei verleihen die Tiere ihrer Trauer ganz offensichtlich auf verschiedene Art und Weise Ausdruck: Einige wirken regelrecht betroffen, andere fressen kaum noch. In manchen Fällen stimmt der zurückgelassene Lebenspartner oder sogar die ganze Familie in ein spezielles »Trauerheulen« ein, das sich nachweislich deutlich von dem sonst üblichen Heulrepertoire unterscheidet. Manchmal kehren die Überlebenden auch in unterschiedlichen Abständen zum Leichnam zurück und untersuchen ihn. Oder sie suchen immer wieder diejenigen Orte auf, an denen einer der Ihren gestorben ist. Ab und an sterben sogar weitestgehend gesunde Wölfe nach dem Verlust des Paarpartners auf unerklärliche Weise. Und es gibt sogar Wolfsmütter, die ihre verstorbenen Welpen begraben – eine Handlung, die wir 2006 übrigens auch bei verwilderten Haushunden dokumentieren konnten: Eine Hündin, die wir Lilly nannten, hob eine Mulde aus, legte ihren toten Welpen dort ab und deckte die komplette Todesstätte minutenlang mit Laub ab. Als wir das filmten, standen uns die Tränen in den Augen. Das war Empathie pur.

Der Zurückgebliebene leidet

Bei vielen unserer Haushunde ist es nicht anders: Wenn ein enges Gruppenmitglied stirbt – und dabei ist es erst einmal egal, ob es sich um einen Artgenossen oder einen Menschen handelt – , ist es nichts Ungewöhnliches, wenn der Hund ganz offensichtlich trauert. Gerade Rüde und Hündin können mit den Jahren eine sehr enge Paarbindung entwickeln, die jener zweier Leittiere in einer Wolfsfamilie ähnelt. Stirbt einer der beiden, trauert der Zurückgebliebene bisweilen mehrere Tage: Er nimmt dann kaum Nahrung zu sich oder frisst gar nicht und zeigt eine sehr »depressive« Körpersprache. Je nach Persönlichkeitstyp leidet er entweder still vor sich hin (introvertierter Typ) oder verhält sich insgesamt deutlich unruhiger als gewohnt (extrovertierter Typ). Grundsätzlich würde ich daher sagen: Dass Hunde und Hundeartige nicht dazu in der Lage sein sollen, zu leiden, ist für mich einfach unvorstellbar. Und erneut würde ich gerne hinzufügen: Man sieht es doch!

»Ich habe oft beobachtet, dass Wölfe um ihre Partner trauern. Warum sollten Hunde das nicht tun?«

In der freien Natur kommen Hunde am ehesten auf neue Gedanken. Das hilft, Krisen zu überwinden.

Hunde brauchen unsere Hilfe

Wir Menschen sollten uns in so einer Situation bemühen, den Alltag des trauernden Hundes weiterhin so zu gestalten wie bisher. Das gibt dem Tier seelischen Halt und hilft ihm, möglichst rasch über den Verlust hinwegzukommen.

Das Schlimmste wäre, wenn wir uns emotional völlig übertrieben verhalten und den Hund ständig bedauern würden. Dadurch könnte sich sein Leiden womöglich noch verstärken. In unserer Familie halten wir es jedenfalls seit Jahren so, dass wir nach dem Tod eines Hundes mit dem oder den Zurückgebliebenen besonders viel zusammen in der Natur unternehmen, längere Spaziergänge machen als sonst und viele andere Hunde treffen. Das lenkt die Tiere ab und hilft ihnen, rasch wieder zu emotionaler Stabilität zurückzufinden. ■

Verändert sich das Wesen des Hundes mit den Jahren?

NINA RUGE: Ganz sicher ist es auch bei Hunden so, dass tragische Schicksalsschläge die Persönlichkeit deutlich prägen. Doch mir scheint, als würde sich ihr Seelenleben mit zunehmendem Alter auch auf ganz natürliche Weise stark verändern. Lupo zum Beispiel: Was hatten wir früher für Auseinandersetzungen. Heute dagegen leben wir in großer Harmonie. Abgesehen von den kleinen Ausflügen ins Umland, die Lupo ab und an heimlich startet, gehorcht er mir aufs Wort. Er sucht meine Nähe, kuschelt sich an mich und ist ein friedfertiger Kerl, der kein Wässerchen trüben kann. Als wir letztens nach über acht Stunden Autofahrt in Italien ankamen, ließ er sogar zu, dass eine hungrige Vroni ungestüm über seinen Futternapf herfiel. Nur ein Jahr zuvor hätte es dafür tierischen Zoff gegeben.

Die wunderbare Wandlung von Klein Lupo zum abgeklärten, erwachsenen, souveränen Rüden: Tritt mit zunehmender Lebenserfahrung eine persönliche Reife ein? Kann es sein, dass sich die Seele eines Hundes so sehr entwickelt, dass sich im Laufe der Jahre sein ganzes Wesen verändert? ■

> » *Hundewelpen sind zunächst nur auf ihren eigenen Vorteil bedacht. Erst nach und nach lernen sie, worauf es im Leben in der Gruppe ankommt.* «

GÜNTHER BLOCH: Dass sich die »seelische Verfassung« eines Hundes grundlegend ändert, glaube ich nicht. Mit dem Alter kommen halt die Erfahrung und Altersweisheit hinzu. Die Vierbeiner können einfach besser einschätzen, was Herrchen und Frauchen (oder auch andere Hunde) noch akzeptieren – und was eben nicht.

Dass Lupos Temperament im Erwachsenenstadium nicht mehr dem eines »Schnösels«, wie ich junge Tiere gerne nenne, entspricht, ist ganz normal. Und was Lupos Haltung gegenüber Vroni angeht: Das Wettbewerbsverhalten ist in der jugendlichen Entwicklungsphase, unabhängig vom Geschlecht des Hundes, deutlicher ausgeprägt. Als erwachsener Rüde verhält man sich üblicherweise gegenüber Weibchen geduldiger – und Lupo scheint mir auch so ein Gentleman vom alten Schlag zu sein. Wer mit einem Hundepaar lebt, beobachtet alsbald, dass sich das Weibchen einiges herausnehmen darf und dass ihr männlicher Lebensgefährte dies fast immer mit Geduld und Gelassenheit quittiert. Was bleibt ihm auch anderes übrig? Eine »zickige«, unzufriedene und schlecht gelaunte Beziehungspartnerin wäre die Alternative. Und die will kein Rüde.

Auch unsere Langzeitstudien an Wölfen belegen übrigens, dass Leitrüden ganz eindeutig weitaus »harmoniesüchtiger« sind als Leitweibchen. Wir haben beispielsweise in 21 Jahren Freilandforschung noch nie erlebt, dass ein männlicher Gruppenchef gegenüber seinem Nachwuchs Konflikte schürt oder sich nicht aktiv um ein harmonisches Gruppenleben bemüht hätte. ■

Können auch Krankheiten Hunde verändern?

NINA RUGE: Als Lupo eineinhalb Jahre alt war, rutschte er im Winter in einen Weiher. Panisch paddelte er im eiskalten Wasser; nie zuvor hatte er versucht zu schwimmen, schon gar nicht in Halbgefrorenem. Ich vermute sogar fast, dass es auf der ganzen Welt keinen Hund gibt, der wasserscheuer wäre als Lupo. Und dann das! Angst und Schrecken machten ihn »blind«, und so strampelte er verzweifelt in die falsche Richtung und entfernte sich immer weiter vom Ufer. Erst nach endlosen Minuten reagierte er auf unsere Rufe, machte kehrt und krabbelte erschöpft aus dem kalten Wasser.

Lupo hat bei seinem kleinen Unfall so viel Eiswasser geschluckt, dass er eine schwere Magen-, Darm- und Bauchspeicheldrüsenentzündung entwickelte. Er hatte furchtbare Schmerzen, bewegte sich nur noch im Zeitlupentempo und magerte sichtlich ab. Ein bemitleidenswertes Häufchen Elend. Es dauerte lange, bis er wieder der Alte war. Nein, eigentlich wurde er nie wieder der Alte, der unbekümmerte, wilde »Was-kostet-die-Welt«-Filou. Er ist, neben seiner bis heute anhaltenden Empfindlichkeit von Magen und Darm, ruhiger und ernster geworden. Sein Vertrauen zu uns scheint gewachsen. Ich habe den Eindruck, dass er wahrgenommen hat, wie sehr wir uns um ihn kümmerten, und dass ihn diese Phasen der körperlichen Abhängigkeit verändert

Wer sich geborgen fühlt, kann in Ruhe Kraft schöpfen und neue Energie tanken.

» Hunde merken sich sehr wohl, wenn man sich in schwierigen Zeiten um sie kümmert. Das stärkt auch den Zusammenhalt im Sozialgefüge. «

und noch stärker an uns gebunden haben. Kann es sein, dass eine Krankheit die Seele des Hundes so sehr beeinflusst? ■

GÜNTHER BLOCH: Daran würde ich nicht eine Sekunde zweifeln. Wenn Sie in schweren Zeiten Hilfestellung geben, Empathie zeigen und sich sozioemotional fürsorglich verhalten, dann bringt Ihnen ein Hund Bewunderung entgegen. Das können auch wir Freilandforscher immer wieder beobachten. Seit Jahren berichte ich von Wolfsfamilien, die kranke, verletzte oder auf andere Art gehandicapte Familienmitglieder so lange durchfüttern, bis sie wieder gesund sind. Wir haben Trauer unter Wölfen und verwilderten Haushunden ebenso auf Video dokumentiert wie aufopferungsvolles Zusammenstehen. Was wurden meine Frau Karin und ich belächelt, als wir vor zwölf Jahren zum ersten Mal das Alltagsverhalten von Wolfsmutter Aster beschrieben, die ihrem Sohn Yukon, der bei einem Verkehrsunfall stark verletzt wurde, wochenlang nicht von der Seite wich, bis die beiden wieder zusammen mit Tochter Nisha und dem Leitrüden Storm gemeinsam auf die Jagd gehen konnten. Wer so viel Liebe und Fürsorge erfährt, vergisst das nicht so schnell. ■

Gute Kontakte zu Artgenossen geben Halt – das gilt für Welpen und für ausgewachsene Hunde.

Vom »wilden« Wolf zum besten Freund des Menschen

Günther Bloch erforscht seit über 20 Jahren das Leben von Wölfen in freier Wildbahn und hat dabei so manche Parallelen zu unseren eigenen Verhaltensweisen entdeckt. Es scheint also gar nicht so abwegig zu sein, dass viele Menschen im Hund einen echten »Seelenverwandten« sehen.

Überspitzt formuliert könnten wir unseren Haushund als domestizierten Wolf betrachten. Vor allem sein Sozialverhalten gleicht in vielen Bereichen noch heute dem seiner wilden Ahnen. Ganz besonders deutlich wird das bei der Betrachtung des Sozialverhaltens von nordischen

Es ist heute unumstritten, dass unser Hund vom Wolf abstammt.

Rassen wie Grönlandhund, Huskie, Alaskan Malamut oder Samojede, die ja schon rein optisch ihren »Ahnen« am stärksten ähneln. Bedauerlicherweise sind sich die wenigsten Hundehalter dieses »Erbes« bewusst. Und tatsächlich mag die Vorstellung an eine direkte Verwandtschaft zwischen Hund und Wolf bei vielen Rassen auch schwer fallen — man denke nur an das ewige »Welpengesicht« des Mopses. Auch bei anderen Züchtungen, wie Pekinesen oder Bulldoggen, die wegen ihrer kurzen Schnauzen oft regelrecht um Atemluft ringen müssen, braucht man viel Fantasie, um noch den Wolf als Stammvater zu erkennen. Doch allen genetischen DNA-Befunden zufolge sind Wolf und Hund enger miteinander verwandt als der Wolf und andere Wildkaniden wie Schakal oder Kojote. Darüber hinaus gibt es bei Wolf und Hund sowohl im Spiel- als auch vor allem im agonistischen Ausdrucksverhalten (Drohverhalten) eine wesentlich höhere Übereinstimmung. Unsere eigenen vergleichenden Verhaltensbeobachtungen an Wölfen und Kojoten im Banff National-park in Kanada zeigen, dass sich Kojoten sozial schlechter anpassen können. Ihr ganzes Sozialspiel wirkt weniger flexibel und variantenreich. Konsequenterweise verlässt der Kojotennachwuchs seine Eltern deutlich früher als dies bei jungen Wölfen der Fall ist. Meist sind die Jungtiere gerade einmal sechs bis acht Monate alt. Hingegen bleiben Jungwölfe mindestens elf bis zwölf Monate in ihren Familien, manche sogar ihr Leben lang.

UNSERE GEMEINSAMEN WURZELN

Im Laufe von abertausenden Generationen hat sich der Hund optimal an ein Leben mit dem Menschen angepasst. Es wäre jedoch ein Trugschluss zu glauben, dies wäre grundsätzlich der entscheidende Unterschied zum Wolf. Denn auch dieser ist längst kein Indikator mehr für unberührte Wildnis. Vielmehr hat sich der Wolf als Kulturfolger des Menschen bestens in dessen Nähe eingerichtet. In unserem Studiengebiet, dem Bowtal im Banff Nationalpark, herrscht saisonbedingt Massentoursimus. Hier halten sich auf einer Fläche von etwa fünfhundert Quad-

Einmal einen Wolf in freier Natur zu beobachten, davon träumen viele Tierfeunde.

ratkilometern pro Jahr bis zu vier Millionen Menschen auf. Die hier beheimateten Wölfe haben sich dieser Situation angepasst und verhalten sich daher kaum scheu. Als meine Frau Karin und ich 1991 in den kanadischen Rocky Mountains damit begonnen haben, das Sozialverhalten von Timberwölfen in freier Wildbahn zu dokumentieren, wurde uns schlagartig bewusst, warum der Mensch in grauer Vorzeit ausgerechnet dieses Raubtier allen anderen Spezies vorzog und den Wolf schließlich domestizierte. Wir erkannten schnell, dass die soziale Organisation von uns Menschen viele Verhaltensähnlichkeiten zum Wolf aufweist. Schließlich

>> *Wolf und Mensch besitzen beide die Fähigkeit zur Empathie, was wohl die beste Voraussetzungen für eine artübergreifende, gemeinsame Zukunft war.* <<

Das Leben von Wölfen in freier Wildbahn ähnelt dem unseren mehr, als man denkt.

sind auch wir irgendwie »Rudeltiere« geblieben. Wir leben in Familienverbänden, erziehen unseren Nachwuchs zur Selbstständigkeit und entlassen ihn in die Freiheit, wenn die Zeit dafür gekommen ist. Wenn wir gefragt werden, was uns ausgerechnet an Wölfen so fasziniert, fällt uns die Antwort daher nicht schwer: Es ist das gruppenorientierte Familienleben dieser Spezies, das uns ebenso beeindruckt wie wohl einst unsere urzeitlichen Ahnen. Wer weiß, vielleicht diente ihnen der Wolf sogar als nachahmenswertes Vorbild in Sachen gegenseitige Verständigung. Schließlich sind Wölfe ausgesprochen mitteilungsbedürftig. Je klarer die visuellen, vokalen, chemischen und taktilen Signale innerhalb einer Gruppe sind, desto schneller und präziser läuft die Kommunikation.

»BRÜDER« IM GEISTE

Vermutlich liegen die gemeinsamen Wurzeln von Mensch und Hund in unserem Hang zur Geselligkeit begründet. Mehr noch: Bei genauer Betrachtung erkennt man, dass in Wolfsfamilien sogar ethisch-moralische Werte, wie etwa gegenseitige Rücksichtnahme und Empathie, eine große Rolle spielen. Manche Wissenschaftler gehen daher sogar davon aus, dass der Mensch, der einst in sehr überschaubaren, kleinen Gruppenverbänden lebte, überhaupt erst durch genaues Beobachten der Wölfe gelernt hat, wie man am effektivsten ein auf ethisch-moralischen Werten basierendes Zusammenleben organisiert. Und es gibt noch mehr Ähnlichkeiten: Unsere jahrzehntelangen Freilandforschungen belegen immer wieder, dass Wölfe wahre Meister darin sind, gemeinsam ein Revier zu verteidigen, in Gefahrensituationen füreinander einzustehen und Ressourcen jeglicher Art zu teilen. Selbst dann, wenn sie zum Wohle des Kollektivs auf individuelle Vorteile verzichten müssen. Wölfe sind soziale, territoriale und in Gruppen koordiniert jagende Jäger. Und genau hier liegen die unübersehbaren Parallelen zum Menschen. Ich persönlich würde sogar so

>> *Menschen leben wie Wölfe in Gruppen. Und wer in einer Gemeinschaft lebt, kann nicht machen, was er will, sondern muss sich anpassen.* «

weit gehen, Mensch, Wolf und Haushunde als wahre »Seelenverwandte« zu bezeichnen. Schließlich sind wir alle hoch soziale Geschöpfe. Gerade wir Menschen könnten, wenn wir ehrlich sind, alleine gar nicht überleben. Wir sind aufeinander angewiesen. Letztlich besetzen wir allesamt ein Revier und verteidigen es gegenüber fremden Eindringlingen. Auch wenn wir heutzutage unser Fleisch in kleinen Portionen säuberlich verpackt im Supermarkt kaufen, sind wir trotzdem Jäger geblieben. Das fällt mir besonders bei meiner täglichen Arbeit auf, wenn ich mit Filmkamera und Fotoapparat »bewaffnet« losziehe, um wieder ein paar Wölfe zu »jagen«. Bei jedem Versuch, mich heranzupirschen, steigt mein Adrealinspiegel, und ein »Treffer« mit der Kamera endet in einer inneren Befriedigung, die ich um nichts in der Welt eintauschen würde. Ja, ich bin ein Jäger. Kurze Zwischenbilanz: Unsere Gemeinsamkeiten mit dem Wolf sind schlichtweg verblüffend, oder nicht?

Neben diesen verhaltensbiologischen Grundsätzlichkeiten waren es sicherlich auch sozioemotionale Beweggründe, die Mensch und Wolf einander näherbrachten. Stellen Sie sich nur einmal vor, Sie könnten wie meine Frau und ich in regelmäßigen Abständen hautnah miterleben, wie verletzten Familienmitgliedern in einer Wolfsfamilie uneigennützige Fürsorge zuteil wird. Wie bei der gemeinsamen Aufzucht des Nachwuchses beteiligen sich alle Gruppenmitglieder an dieser Aktion – unabhängig vom Alter oder sozialen Rang.

Einmal mehr steht die Gemeinsamkeit im Vordergrund aller Betrachtungen. Denn Wölfe setzen in erster Linie auf vertrauensbildende Maßnahmen.

WANN DER MENSCH AUF DEN HUND KAM

So gesehen brachten Wolf und Mensch die besten Voraussetzungen für eine artübergeifende gemeinsame Zukunft mit. Wann und wo die Gemeinschaft jedoch tatsächlich ihren Anfang fand, ist bis heute immer noch umstritten. Manche Forscher vermuten, dass die ersten Domestikationsbemühungen im asiatischen Raum unternommen wurden, andere tippen eher

Wolfsjunge werden durchaus in ihre Grenzen verwiesen, zur Not mit Körpereinsatz.

Wolfseltern kümmern sich genauso aufopfernd um ihren Nachwuchs wie unsere Spezies.

auf den Nahen Osten. Am wahrscheinlichsten ist wohl, dass die »Metamorphose« vom Wolf zum Hund an verschiedenen Plätzen gleichzeitig stattfand.

Auch der Zeitpunkt der »Hundwerdung« ist umstritten. Während DNA-Analysten davon ausgehen, dass der Hund bereits vor rund 100 000 Jahren entstand, lassen archäologische Fundstätten beziehungsweise Schädel-, Skelett- und Knochenfunde in verschiedenen Ländern eher den Schluss zu, dass die Haustierwerdung erst vor etwa 30 000 Jahren stattfand. Wahrscheinlich trennte der Mensch dazu ganz gezielt einzelne Wolfswelpen von ihren erwachsenen Familienmitgliedern, um sie auf sich zu prägen. Durch bewusste künstliche Selektion auf sozial-freundliches Verhalten wurden die Tiere der darauf folgenden Generationen nach und nach immer zahmer. Trotzdem müssen es noch immer sehr wolfsähnliche, widerstandsfähige Tiere gewesen sein, die man wohl am ehesten mit dem heutigen Tschechoslowakischen Wolfshund oder dem Saarlois Wolfshund vergleichen kann.

> **» Der Wolf ist wie ein Zehnkämpfer, der alle Disziplinen beherrscht. Hunde dagegen sind Spezialisten mit ganz unterschiedlichen Fähigkeiten. «**

Doch auch wenn es teilweise für immer im Dunkeln bleiben wird, wie das erste Bündnis zwischen Hominiden und Kaniden im Detail zustande kam: Es ist unumstritten, dass sich eine Beziehung der besonderen Art entwickelte. Fast scheint es, als hätten beide Arten regelrecht darauf gewartet, zusammenzufinden und ihr Leben gemeinsam zu gestalten. So unterschiedlich Zwei- und Vierbeiner auf den ersten Blick auch sein mögen, so bemerkenswert ist auf den zweiten Blick die Gemeinsamkeit in ihrem Verhalten. Und es ist nicht weiter verwunderlich, dass wir »Familientiere« aufgrund der ähnlichen biologischen und sozioemotionalen Vorstellungen mit der Zeit eine solch innige Leidenschaft füreinander entwickelt haben.

WAS IST VOM WOLF GEBLIEBEN?

Im Laufe der Jahrhunderte entstand aus dem unabhängigen Wolf, der alle Überlebensstrategien gleichermaßen beherrscht, nach und nach der »Spezialist« Hund. Er wurde für unterschiedliche Arbeiten eingesetzt, half bei der Jagd, schleppte Lasten, bewachte das Lager, diente als »Wärmekissen« und war in extremen Notzeiten sicherlich auch die letzte Nahrungsquelle. Vor allem aber entwickelte sich der Haushund – und dies gilt es besonders hervorzuheben – unaufhaltsam zum Sozialkumpanen des Menschen. Er war nicht nur das erste Haustier überhaupt, sondern wurde im wahrsten Sinne des Wortes zum vierbeinigen Familienmitglied. Natürlich hat sich der Haushund unter den Fittichen des Menschen genetisch deutlich verändert. Heute gibt es rund 400 Rassen, die sich in Aussehen und Verhalten zum Teil stark voneinander unterscheiden. Einer der gravierendsten Unterschiede zwischen Wolf und Hund ist jedoch, dass Letztere zeitlebens »jugendhaft« bleiben. Dies schien dem Menschen sicherlich dienlich, weil sich die Tiere dadurch einfacher kontrollieren ließen. Wölfe dagegen sind extrem schlecht kontrollier- und handhabbar. Sie machen einfach »ihr Ding«. Aus diesem Grund bedeuten die in letzter Zeit in Mode gekommenen Wolfshybriden wie Wolf-Husky- oder Wolf-Alaskan-Malamute-Verpaarungen nichts anderes als einen Rückschritt in der Domestikation, auch wenn sie derzeit besonders beliebt zu sein scheinen. Dabei sind wohl die meisten Menschen mit diesen Tieren schlichtweg überfordert. Schließlich ist es so gut wie unmöglich, ihr Jagdverhalten zu kontrollieren. Und auch ihr Ausdrucksverhalten sauber zu dekodieren stellt eine wahre Herausforderung dar. Ehrlich gesagt: Wenn es nach mir ginge, sollte man derartige Wolfsmischlinge einfach gesetzlich verbieten; sie sind weder Fisch noch Fleisch. Wölfe gehören in die Freiheit, wo sie selbst entscheiden können, was sie machen und wie sie etwas machen. Hunde sind eine Kreation des Menschen. Sie wollen in unserer Nähe sein. Sie lassen sich führen und kontrollieren.

Ein bisschen Wolf steckt bis heute in jedem Hund, auch wenn man es auf den ersten Blick nicht sieht.

Wie intelligent sind Hunde?

Die Sinnesleistungen unserer Vierbeiner sind enorm, und in puncto Verstandesleistung können viele von ihnen locker mit einem Kleinkind mithalten. Hunde sind überaus schlaue Tiere und wollen ihre Fähigkeiten auch ausleben dürfen. Nur dann fühlen sie sich rundum wohl.

Haben Hunde einen sechsten Sinn?

NINA RUGE: »Meine Hunde sind Wunderhunde!« Diese Aussage unterschreibt wahrscheinlich jeder Hundebesitzer. Schließlich halten uns die Vierbeiner ja ständig und unendlich charmant vor Augen, dass Mutter Natur uns selbst vergleichsweise sparsam ausgestattet hat. Allein ihre Nase. Meine hilft mir gerade einmal dabei, leckeren Braten von Gammelfleisch zu unterscheiden. Lupo dagegen riecht es 500 Meter gegen den Wind, wenn ich ein Stück Wurst in der Hand halte – was er mir unmissverständlich klarmacht, indem er seine Schlappohren aufstellt und im Schweinsgalopp angesaust kommt, um sich die Leckerei einzuverleiben. Apropos Schweinsgalopp. Wie schaffen es Hunde bloß, im Mordstempo über Schotter und Steilhänge oder durch struppiges Unterholz zu jagen, ohne sich dabei auch nur den kleinsten Kratzer zuzuziehen? Was für eine Leistung des Gehirns, in Millisekunden nicht nur die Beschaffenheit des Untergrunds, sondern auch die Hindernisse rechts, links, vorne und oben zu rastern – um im selben Moment die gesamte Körpermuskulatur zu einer vollendeten Drehung zu animieren? Augen, Ohren, Tastsinn und Nase funken im Sekundentakt Millionen Impulse an das Hundehirn, das dann die perfekte Reaktion liefert – quasi ohne jede zeitliche Verzögerung.

Unglaubliche Leistungen

Doch noch einmal zurück zur Hundenase. Schon vor Drogenspür- und Rettungshunden neige ich meine Nasenspitze bis zum Knie. Doch letztens las ich, dass speziell ausgebildete Hunde am Atem eines Menschen sogar erschnüffeln können, ob in seiner Lunge Krebszellen ihr tödliches Unwesen treiben oder nicht. Welch eine Leistung!

» Das Leben mit Hunden eröffnet mir eine neue Dimension. Ich kann über die Fähigkeiten dieser Tiere nur immer wieder staunen. «

>> *Es ist faszinierend, dass Hunde so viel mehr als der Mensch und all seine moderne Technik in der Lage sind, Dinge zu entdecken.* <<

Das großartige Gehör scheint kaum hintenanzustehen. Ein Hund hört ja nicht nur Herrchens Auto, den Schlüssel im Schloss oder Nachbars Katze im Garten, während wir selbst uns noch an der wunderbaren Stille erfreuen. Nein, er unterscheidet zugleich: Welches Geräusch kenne ich, welches kann ich einschätzen und als »ungefährlich« abhaken? Welches ist neu, fremd und möglicherweise bedrohlich? Lupo beispielsweise bellt nicht, wenn unsere Katze im Dunkeln einen Baumstamm erklimmt. Versucht aber ein fremder Kater genau das Gleiche, gibt

»Können Sie mir sagen, wie Hunde es schaffen, 1000 Dinge gleichzeitig wahrzunehmen?«

es Zunder. Ich sag's ja: Wunderhund! Und Lupo ist da bestimmt kein Einzelfall.

Wie machen Hunde das?

Ich bin sicher nicht die Einzige, für die kein Zweifel darin besteht, dass Hunde so etwas wie einen sechsten Sinn haben. Wenn mein Mann von einer Reise zurückkehrt und ich Lupo abends sage: »Herrchen kommt heute noch, aber erst spät«, spitzt er die Ohren, schnauft und legt sich wieder hin. Wenn ich dann ins Bett gehe, folgt er mir nicht wie gewohnt zu seinem Körbchen ins Schlafzimmer. Stattdessen bleibt er in der Diele liegen. Ein, zwei Stunden später weckt mich sein Fiepen. Wenn ich nachsehe, steht er schwanzwedelnd und jubilierend vor der Haustür. Doch sonst tut sich nichts. Erst zwei Minuten später höre ich ein Motorengeräusch. Tatsächlich, mein Mann kommt nach Hause. Aber verflixt noch mal, Lupo schmachtete schon an der Tür, als das Auto noch mindestens einen Kilometer entfernt war. Und überhaupt: Hat dieser Schlaumeier tatsächlich kapiert, dass sein Herrchen noch nach Hause kommt, bloß weil ich diesen einen Satz gesagt hatte? Das bilde ich mir doch nicht alles ein. Hunde haben einen sechsten Sinn, oder? ∎

Ihr ausgeprägter Geruchssinn macht Hunde sensibel für kleinste Veränderungen in ihrer Umwelt.

GÜNTHER BLOCH: Ja, man könnte durchaus davon ausgehen, dass Hunde eine Art sechsten Sinn haben. Trotzdem sollte man mit dieser Aussage vorsichtig sein, denn viele Verhaltensgewohnheiten sind konditioniert, der Hund hat sie also schlicht und ergreifend erlernt. Für einen Hund, der zirka dreimal so weit hören kann wie wir, ist es zum Beispiel kein Problem, das individuell bekannte Motorengeräusch des Autos von Herrchen oder Frauchen schon auf Distanz zu orten. Und die Erfahrung zeigt ihm, dass »sein« Mensch, kurz nachdem er das spezifische Geräusch wahrgenommen hat, zur Tür hereinkommt. Er weiß also: Auto brummt, Herrchen kommt. Klassische Konditionierung.

Nichtsdestotrotz erinnern viele Fähigkeiten unserer Vierbeiner an unerklärliche Phänomene. Und so muss selbst ich mich immer wieder wundern, was Hunde so alles können.

Nehmen wir nur mal Geruchs- und Hörsinn, der bei den meisten Haushunden nicht weniger gut ausgebildet ist als bei ihren »Ahnen« in der freien Wildbahn. Wenn der Wind aus der richtigen Richtung kommt, sind Wölfe nachweislich dazu in der Lage, ein verletztes Beutetier über eine Distanz von rund einem Kilometer zu wittern. Gleiches gilt für die zielgerichtete Aufnahme von Geräuschen. Wölfe können Tonhöhen unterscheiden, die nur einen Achtelton auseinander liegen. Dabei nehmen sie auch hohe Frequenzen im Ultratonbereich wahr, die wir Menschen gar nicht hören.

Unsere Haushunde haben diese auf hoch entwickelten Sinnesleistungen beruhenden Fähigkeiten nicht verloren. Außerdem sind sie trotz Domestikation Beutegreifer geblieben. Daher können sie zum Beispiel das Quietschen einer Maus in weniger als einer Hundertstelsekunde ganz präzise zuordnen.

>> *Hunde verfügen über 180–220 Millionen Geruchsrezeptoren. Natürlich riechen sie, was ›Sache‹ ist. Die ›Stimmung‹ liegt ja in der Luft.* <<

Eine im wahrsten Sinn des Wortes übermenschliche Leistung.

Bläst der Wind aus der falschen Richtung, wird die Sache jedoch selbst für die »Großmeister« schwierig. Insofern bezweifle ich auch, dass ein Hund ein Stückchen Wurst schon 500 Meter gegen den Wind riechen kann. Trägt der Wind den feinen Geruch allerdings direkt auf ihn zu, ist es ein Leichtes, sich genau zu orientieren. Lupo hat also einen durchaus treffenden Namen: Wolf.

Aber noch einmal zurück zu den »übersinnlichen« Fähigkeiten. In vielen Fällen ist es die Kombination aus Konditionierung, Gewohnheit (fachsprachlich nennt man diesen Aspekt Habituation) und Sinnesleistungen,

Selbst eine dicke Schneedecke kann einen Hund nicht aufhalten, wenn er Witterung aufgenommen hat.

die zu erstaunlichen Resultaten führt. Meine drei westsibirischen Laiki haben zum Beispiel über die Jahre die besondere Fähigkeit entwickelt, meiner Frau Karin und mir jeden Wolf zu melden, ihn zu wittern und uns danach präzise anzuzeigen. Sie haben große Freude daran, den Geruch von frei lebenden Timberwölfen aufzunehmen und uns darüber zu informieren. Ich würde sogar behaupten, dass unsere Freilandforschung an Hundeartigen, die wir seit nunmehr über 20 Jahren durchführen, ohne die aktive Hilfe unserer speziell auf Wolfs- und Kojotensichtungen ausgebildeten Hunde weitaus weniger erfolgreich wäre. Das Orientierungswittern stellte für sie kein Problem dar, schließlich verfügen sie wie jeder Haushund über rund 200 Millionen Geruchsrezeptoren (chemische Sinnesleistung). Hinzu kommt, dass wir unsere drei ausgiebig für jede Wolfsanzeige loben (Konditionierung). Und weil wir das grundsätzlich immer so tun, wird daraus eine Gewohnheit (Habituation). Die Kombination macht's.

Herrchen kommt! Hunde sind immer rechtzeitig bereit, um uns zu begrüßen.

Unglaubliche Sinnesleistungen

Noch kurz zum Schweinsgalopp und zur unglaublichen Wendigkeit der Vierbeiner. Man darf nicht vergessen, dass Hunde »Bewegungsspezialisten« sind. Als Jäger achten sie in erster Linie auf schnell ablaufende Bewegungsmuster, um ein potenzielles Beutetier falls nötig zielorientiert verfolgen zu können. Dazu kommt, dass ihr Sichtfeld durchschnittlich etwa 70 Prozent breiter ist als das unsere. Hunde können ihre Umwelt also zehnmal besser wahrnehmen als Menschen. Dadurch registrieren sie natürlich nicht nur ihre Beute, sondern auch die klitzekleinste Bewegung unsererseits und wissen oft schon längst Bescheid darüber, dass etwas geschehen wird, wenn wir noch überzeugt sind, keinerlei Signale gesendet zu haben. Ist Ihr Hund es beispielsweise gewohnt, für ein bestimmtes Verhalten eine Belohnung zu bekommen (wieder ein klassischer Fall von Konditionierung), und machen Sie – vielleicht unwissentlich oder weil Sie denken, er sieht es nicht – nur eine kleine Handbewegung, ist seine Erwartungshaltung bereits geweckt. Natürlich wird er sich daraufhin entsprechend verhalten, was uns wiederum wie eine unerklärliche Fähigkeit erscheinen mag. ■

Wo steckt das Leckerli? Solche Tests sollen helfen, die Intelligenz unserer Vierbeiner zu erforschen.

Wie misst man den Hunde-IQ?

NINA RUGE: Auch wenn die Fähigkeiten von Hunden seit Langem unumstritten sind, scheint es mir, als wurde noch nie so ernsthaft über das Thema »Intelligenzforschung beim Hund« diskutiert wie heute. In jeder überregionalen Tageszeitung finde ich in letzter Zeit Artikel darüber: Mal erfahre ich, dass Hunde bis fünf zählen und bis zu 250 Wörter lernen können und daher ebenso schlau wären wie Kleinkinder. Oder dass sie offensichtlich keine Probleme haben, selbst das kniffligste Hütchenspiel zu lösen – nur um an ein heiß begehrtes Leckerli zu kommen. Ein anderes Mal stolpere ich über einen Bericht im Wissenschaftsteil eines Magazins, dass Hunde ihre Artgenossen nicht einfach nur nachahmen, sondern ihr Verhalten regelrecht hinterfragen und nur das übernehmen, was sinnvoll erscheint. Sind diese Tiere nicht unglaublich?
Was mich wirklich interessieren würde: Wie misst man eigentlich die Intelligenz unserer Vierbeiner? Was sind die unbestechlichen Instrumente? Wo hört die Forschung auf, und wo denken wir uns den geliebten Freund schlau? ■

GÜNTHER BLOCH: Die kognitive Ethologie, also jenes Forschungsgebiet an der Schnittstelle zwischen vergleichender Verhaltensforschung (Ethologie) und Kognitionswissenschaft (Lehre vom Verständnis geistiger Prozesse), scheint tatsächlich immer beliebter zu werden. Zumindest bei den wilden Hundeartigen, wie Wölfen, Kojoten oder auch Dingos, kann man jedoch nicht einfach das Verhaltensinventar von Tieren, die kunterbunt in einem Gehege zusammengepfercht wurden, mit dem ihrer Artgenossen gleichsetzen, die in freier Wildbahn leben. Das wäre ja, als würde man Äpfel mit Birnen vergleichen. Ich halte so eine Vorgehensweise bestenfalls für ein spekulatives Abenteuer. Dazu kommt, dass wir schon seit Jahren über zahlreiche kognitive Leistungen frei lebender Wölfe gut Bescheid wissen. Ich halte es daher für eine »Beleidigung« dieser großartigen Wildtiere, sie in Sachen »Intelligenz« auf eine Stufe mit vergesellschafteten »Gefängnistieren« zu stellen. Da liegen Lichtjahre dazwischen! Ganz nebenbei bemerkt: Kognition, also die Art, wie das Verhalten von Säugetieren durch Lernen, Gedächtnis und Denken beeinflusst und gesteuert wird, ist eine höchst komplexe Angelegenheit. Wissenschaft jedoch gilt gemeinhin als die Kunst der »Übersimplifizierung«, weil sie Daten mit-

» Hunde können ganz verschiedene Begabungen haben. Deshalb ist es schwer, den IQ unserer Vierbeiner objektiv zu beurteilen. «

Darf ein Hund seine Bedürfnisse ausleben, kann er auch seine geistigen Fähigkeiten ausschöpfen.

>> *Wir sollten »Futtertests« nicht pauschal als »Intelligenzüberprüfung« ansehen. Im Grunde genommen geben sie nur Auskunft über die Verfressenheit des Hundes.* <<

hilfe einer entsprechenden Methodik in einem ebenso strengen wie engen ethologischen Rahmen sammelt. Ich halte es daher gern mit dem amerikanischen Verhaltensforscher Dr. Marc Bekoff, der das System folgendermaßen auf den Punkt brachte: »Wir haben so viele Anekdoten über tiefe Gefühle bei Tieren gesammelt, dass man feststellen muss: Der Plural von Anekdoten sind Daten.« Mögen andere Wissenschaftler auch über diese Aussage entsetzt sein, mir gefällt sie sehr gut.

Aber zurück zur Frage, wie sich die Intelligenz eines Hundes messen lässt. Auch hier bin ich der Meinung, dass Forschung an Gehegetieren oder unter »Laborbedingungen« stets mit Vorsicht genossen werden sollte. Wölfe zum Beispiel können unter den Bedingungen, die eine Gefangenschaft mit sich bringt, wie schon erwähnt ihr »geistiges« Potenzial überhaupt nicht ausschöpfen. Na, wie auch, unter solchen bescheidenen Lebensbedingungen? Und warum sollte es bei Haushunden anders sein?

Was machst du da? Hunde lernen voneinander. Daher ist der Kontakt zu Artgenossen so wichtig.

Im Zusammenleben mit Menschen kommt Hunden ihre emotionale und soziale Intelligenz zugute.

Die fünf Formen der Intelligenz

Intelligenz lässt sich nicht verallgemeinern, auch weil sich in Bezug auf den IQ immer die Frage stellt, über welche Art von Intelligenz man spricht. In der Forschung unterscheiden wir fünf verschiedene Formen der Intelligenz: Da ist zum einen die soziale Intelligenz, also die Fähigkeit, sich in einen Beziehungspartner hineinversetzen zu können. Im Fall des Haushundes bedeutet das, wie gut das Tier die kommunikativen Signale des Menschen versteht. Mit kollektiver Intelligenz bezeichnet man »Gemeinschaftswissen« und somit unter anderem die Weitergabe von traditionalisierten Verhaltensweisen an die nächste Generation – also all das, was Eltern ihren Jungen beibringen.

Umweltintelligenz ist das Wissen darüber, wo man lebt und ist. Unsere Wölfe beispielsweise nehmen ganz bewusst Abkürzungen, um Energie zu sparen. Das kann man nur, wenn man eine Art »Landschaftsbild« im Gehirn abgespeichert hat. Emotionale Intelligenz beschreibt die Fähigkeit, emotionale Bindungen aufzubauen und Mitgefühl zu zeigen, wenn sich ein Familienangehöriger situationsbedingt gerade schlecht fühlt. Zu guter Letzt gibt es noch die technische Intelligenz, dank derer der Hund Namen und Begriffe einander zuordnet.

So weit, so gut. In der Wirklichkeit ist es jedoch so, dass nicht jeder Hund dieselben Voraussetzungen mitbringt. Sie sind je nach Typ in einem Bereich mehr oder weniger

Im Gegensatz zu kleinen Kindern können sich Hunde nicht selbst im Spiegel erkennen.

»begabt«, weil die entsprechende Intelligenz schwächer oder stärker ausgeprägt ist. Technisch schlaue Hunde wissen beispielsweise genau, was sie holen sollen, wenn Frauchen sagt: »Bring mir mal den Gummiball.« Bestimmt haben Sie schon einmal von Rico gehört, jenem legendären Border Collie, der vor Millionen von Fernsehzuschauern bewiesen hat, dass er über 200 Gegenständen die richtigen Namen zuordnen kann. Dieser beeindruckende Vierbeiner war im höchsten Maße technisch intelligent.

Jeder Hund hat seine Begabung

Ich wage jedoch zu behaupten, dass er in anderen Kategorien, wie zum Beispiel der kollektiven Intelligenz, keine besonders große »Leuchte« war. Denn darin sind Hütehunde, zu denen ja auch die Border Collies zählen, tendenziell nicht besonders gut – im Gegensatz etwa zu Meutehunden wie dem Beagle. Bei denen ist dieser Bereich der Intelligenz sehr stark ausgeprägt. Denn wie der Name schon sagt, leben und jagen Meutehunde am liebsten in der Meute, also gemeinsam. Um erfolgreich zu sein, sind sie dabei auf das Wissen und Können jedes Einzelnen angewiesen.

Was ich mit alldem sagen will: Wir können wahrscheinlich nie herausfinden, wie schlau jeder einzelne Hund wirklich ist. Aber wir können durchaus feststellen, wobei er sich besonders leichttut oder worin er besonders brilliert. Auf diese Weise können wir zumindest seinen wahrscheinlichen »Primär-Intelligenztyp« (soziale, emotionale oder technische Intelligenz) bestimmen. ■

Handeln Hunde überlegt?

NINA RUGE: Als Klein Lupo vier, fünf Monate alt war, habe ich ihm klargemacht: Das ist dein Spielzeug, da darfst du ran, und das darfst du auch mal zerfetzen. Lampenfüße, Stuhl- und Tischbeine sowie Schuhe dagegen sind tabu. Seitdem unterscheidet unser Hund messerscharf. Liegt zum Beispiel ein nagelneues Stofftier auf dem gedeckten Tisch, geht er auf die Hinterbeine und schaut. »Aha, Stofftier. Das ist für mich. Aber daneben steht ein Wasserglas und davor die Salatschüssel. Da darf ich nicht dran.« Also wechselt er erst einmal die Seite. Drüben ist ein freier Platz zwischen den Tellern. Kurz umschauen, ob jemand guckt. Er weiß ja, dass es streng verboten ist, auf Tische zu springen. Nichts, also hopp! Zwischen Besteck und Servietten ganz vorsichtig zum Stofftier balancieren. Das Ding zart am Ohr packen, den Hals sehr hoch nehmen, damit es nichts auf dem Tisch berührt. Rückwärts zur Tischkante zurückstaksen. Weil das Plüschtier die Sicht nimmt und Umdrehen zu gefährlich wäre, wirft er das Tierchen mit Schwung auf den Boden, macht dann einen Riesensatz rückwärts, dreht eine Pirouette in der Luft und landet schließlich unversehrt wieder mit allen vier Beinen auf dem Boden. Auf dem Tisch sieht alles aus wie zuvor. Nur das Stofftier fehlt. Für mich steht außer Frage, dass dieser Hund absolut überlegt handelt. Wie sonst könnte er so gewieft vorgehen? ■

Stöckchenjagen liegt Hunden im Blut. Sie sind immer noch Beutegreifer – wie ihre wölfischen Ahnen.

>> *Kaniden sind in der Lage, sich gedanklich in den Menschen hineinzuversetzen. Sie wissen also ganz genau, wie weit sie gehen dürfen und auf was sie achten müssen.* <<

»Hunde wie Ihr Lupo verstehen recht schnell, was sie sich erlauben dürfen und was nicht.«

GÜNTHER BLOCH: Wie erkundungsfreudig ein Hund ist, hängt unter anderem von der Rasse und der Persönlichkeit ab. Lupo zum Beispiel scheint ganz der extrovertierte Hundetyp zu sein, der seine Nase gerne überall neugierig hineinsteckt. In der Fachsprache bezeichnet man diesen erblich bedingten Typus als A-Typ oder Bold-Typ – im Gegensatz zum eher zurückhaltenden, schüchternen Shy- beziehungsweise B-Typ. Dazu kommt, dass Entlebucher Sennenhunde ohnehin zu den eher aufmerksamen und unerschrockenen Rassen zählen, schließlich sollten sie ja ursprünglich als »territoriale

Treibhunde« agieren, das liebe Vieh zusammenhalten und gegenüber Feinden abgrenzen. Hunde mit dieser genetischen Voraussetzung sind häufig auch technisch sehr intelligent. Sie lernen zum Beispiel recht schnell, Ersatzbeute, wie zum Beispiel ein Stofftier, mit einem bestimmten Namen zu verbinden – ich würde wetten, dass Lupo das auch kann. Ganz bestimmt hat Ihr Hund außerdem die Erfahrung gemacht, dass er auf seinem »Beutezug« auf Glas und Geschirr achtgeben muss. Wahrscheinlich haben Sie ihn schon des Öfteren entsprechend belehrt (»Pass auf«, »Achtung«, »Nein«). Er weiß daher bestimmt, dass Sie schimpfen würden, wenn er zu dreist vorgeht. Meine Ferndiagnose lautet daher: Ja, Lupo ist in seinem »Fachgebiet« gewiefter als Vertreter anderer Hunderassen, zumindest was die technische Intelligenz betrifft. Aber alles hat seine Grenzen. Jede Wette, dass zum Beispiel ein Windhund aufgrund seiner anatomischen Voraussetzungen einer Beute beziehungsweise auch Ersatzbeute schneller nachstellen und sie sichern kann. ■

Hat jeder Hund sein eigenes Lerntempo?

NINA RUGE: Ich denke, dass jeder Hund ein Individuum ist und seine ganz persönlichen Stärken und Schwächen hat. Aber als ich letztens eine junge Frau mit ihrer Border-Collie-Hündin traf, wuchs in mir doch postwendend ein massives Selbstwertproblem. Diese Hündin war erst sechs Monate alt, und damit einen Monat jünger als Vroni. Aber sie war mindestens doppelt so gut erzogen. Schon als Lupo und Vroni sich ihr näherten, legte sie sich auf Geheiß ihres Frauchens brav ab und begrüßte meine beiden erst, als es ihr gestattet wurde. Auf die leisen Befehle reagierte sie schnell, wendig und gut gelaunt. Sie tat einfach, was Frauchen ihr sagte, und sie schien dabei auch noch Spaß zu haben.

Dagegen sind Vroni und ich Vollversager. Mein »Baby« schaffte in diesem Alter gerade einmal die Grundbefehle »Sitz«, »Platz« und »Bleib« – und auch die nur mit größter Anstrengung. Sie im freien Gelände abzurufen? Fehlanzeige, zumindest meistens. Leinenführigkeit? Ein Treppenwitz. Wenn ich morgens mit Vroni durch Münchens Straßen marschierte, konnte man durchaus den umgekehrten Eindruck gewinnen: Sie

>> *Manchmal habe ich das Gefühl, dass Vroni nie so viel lernen wird wie Lupo. Deshalb ist sie lang noch nicht dumm; sie hat einfach andere Stärken.* «

Nicht jeder Hund lernt gleich schnell. Manche brauchen zwischendurch einfach mal eine Pause.

Bei Hütehunden wie dem Border Collie kann der Körper Signale des Gehirns sehr schnell umsetzen.

ging mit mir spazieren. Natürlich tat ich alles, was meine Hundetrainerin mir sagte. Zog Vroni nach vorne, machte ich kehrt. Erst wenn die Leine locker blieb und Vroni brav mittrottete, schlug ich meine ursprüngliche Richtung wieder ein. Aber wie so oft im Leben hatte ich nicht jeden Morgen die Zeit dazu. Und so zerrte ich auch mal ungebührlich an der Leine, während Vroni mit ihren 38 Kilo die Bremsen reinhaute. Und dann dieser heitere, wohlerzogene Border Collie. Er spielte hingebungsvoll mit seinem Frauchen, solange diese es wollte. Vroni dagegen rennt bis heute dem Ball dreimal hinterher und hat dann genug. Die

Reizangel strengt sie ganz schnell an. Am liebsten spielt unser verfressenes Riesenbaby mit dem Futterball. Kekse rein, Ball zu ihr rüberrollen – und sie ist für Stunden beschäftigt. Bis der Ball leer ist.
Beim Üben ist es genau dasselbe. Mehr als dreimal dieselbe Sache trainieren, das geht gar nicht. Und ohne Leckerli brauche ich

>> *Ich fördere Vroni nach Kräften, indem wir Ausflüge unternehmen, neue Erfahrungen sammeln oder andere Menschen und Hunde treffen.* <<

>> *Können nicht schon zwei Hunde ein und derselben Rasse ganz verschiedene Fähigkeiten mit sich bringen und daher unterschiedlich schnell lernen?* <<

gar nicht anzufangen. Doch sobald das Leckerli in ihrem Maul verschwunden ist, scheint auch die Lektion wieder vergessen.

Wird Vroni das jemals können?

Ich sehe die Sache mittlerweile als eine buddhistische Trainingseinheit für meine Seele. Vroni ist ein Großer Schweizer Sennenhund, kein Border Collie. Und ich sage mir: In der Schweiz wird alles gründlich und gut gemacht – aber vielleicht auch ein bisschen langsamer. Vroni braucht halt ihre Zeit. Bei Simba war es genauso, und Vroni ist noch dazu ein kraftvoller Dickschädel. Deshalb übe ich zwar täglich mit ihr, aber nur, solange ihre Aufnahmekapazität ausreicht. Und mit der ist es eben nicht weit her. Ich fordere Vroni nur so weit, wie sie es verarbeiten kann oder will. Sie erlebt das alles mit mir, und das stärkt unsere Bindung. Wahrscheinlich ist es einfach so, dass jedes Tier sein eigenes Tempo und seine ganz persönlichen Grenzen hat. Kann ich daher von einem Großen Schweizer überhaupt dasselbe erwarten wie von einem Entlebucher oder Border Collie? Oder wird man damit der Persönlichkeit des Hundes in keiner Weise gerecht? ∎

Jeder Hund ist anders. Was Lupo schon aus dem Effeff beherrscht, muss Vroni erst mühsam lernen.

GÜNTHER BLOCH: Selbstverständlich ist jeder Hund ein Individuum. Doch davon abgesehen zeigen sich schon bei den unterschiedlichen Rassen verschiedene Hundetypen bestimmende Verhaltensbesonderheiten. So konnte das Forscherteam Raymond Coppinger, Kathryn James und Mark Feinstein im Rahmen der »Hampshire College Dog Studies« schon vor über einem Jahrzehnt nachweisen, dass alle Informationssteuerungen im Gehirn, die für den Bewegungsapparat zuständig sind, von Rasse zu Rasse unterschiedlich schnell ablaufen. Bei Vertretern tendenziell schwerfälliger Rassen, wie zum Beispiel Herdenschutzhunden, dauert es zum Beispiel länger als bei agilen

>> *Ich weiß auch nicht, warum manche Menschen so darauf erpicht sind, aus allen Hundetypen dieser Welt ›Universaltalente‹ zu machen.* «

Hütehunden. Auf gut Deutsch: Ein großer Schweizer Sennenhund oder Neufundländer kann sich gar nicht genauso schnell hinsetzen oder »Platz« machen wie ein Border Collie – selbst wenn er wollte.

Jeder Hund ist einzigartig

Hunde haben sich im Laufe der Jahrtausende durch die Selektionsbemühungen der Menschen zu unterschiedlichen Spezialisten entwickelt. Kräftig bemuskelte Wachhunde etwa sollen Eindruck schinden und territoriale Eindringlinge melden. Ansonsten dürfen sie einfach »rumhängen«. Oder der Große Schweizer Sennenhund: Der soll »sein« Gelände bewachen und gelegentlich ein paar Lasten tragen oder ziehen. Wie ein wieselflinker Border Collie agieren, das will und kann der Schweizer gar nicht. Meine kaukasische Owtscharka-Hündin sieht das übrigens genauso.

Selbst auf die Gefahr hin, dass ich mich wiederhole: Hunde sind gruppenorientierte Individualisten und sollen vor allen Dingen Hund sein dürfen. Bequemen Hundetypen sind Agility, Dog Dance, Zielobjektsuche oder ständiges Frisbee-Bringen ein Gräuel.

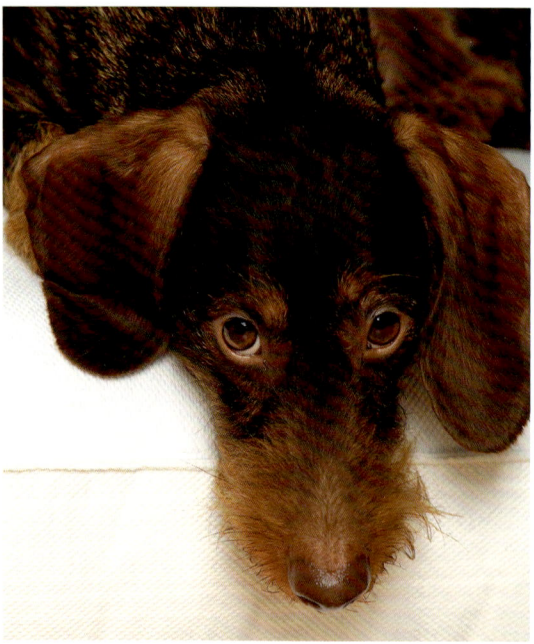

Bei vermeintlich sturen Rassen dauert es oft ein bisschen, bis der Hund mitmacht.

Einfach so draufloszurennen ist für viele Hunde das Größte. Andere jedoch dösen lieber vor sich hin.

Unterschiedliche Interessen

Man stelle sich vor, Hunde dürften ohne menschliches Zutun eine sogenannte Motivationsanalyse durchführen und selbstständig beurteilen, wie sehr sie etwas anstreben oder nicht. Ohne Hellseher zu sein, kann ich mir lebhaft vorstellen, wie das abliefe. Übertrieben formuliert würde das Windhundmädchen von nebenan beichten: »Allen Hundegefahrenverordnungen zum Trotz besteht meine Hauptmotivation darin, mein Frauchen so auszutricksen, dass ich abhauen kann. Ich liebe es, stundenlang Kaninchen zu hetzen.« Dem würde der massige Bernhardinerrüde protestierend erwidern: »Du spinnst wohl. So etwas artet ja in richtige Arbeit aus. Rumliegen ist viel schöner. Wenn ich ›Beute machen‹ will, steht beim Nachbarn eine unbeaufsichtigte Schüssel Katzenfutter für mich bereit. Da nasche ich immer, wenn keiner aufpasst.« Was ich mit diesem Beispiel sagen will: Die Interessen sind eben unterschiedlich. Und dabei sollten wir es bewenden lassen.

Noch ganz kurz zur Reizangel: Für Jäger und Hirten bedeutet der Gebrauch dieser Geräte zur Formung des hundlichen Beutefangverhaltens seit Jahrhunderten kulturelles Wissen, das man von Generation zu Generation ganz unspektakulär einfach weiterreichte. Heute ist das Reizangel-Training bei vielen Hundebesitzern »hip«. Und oft wird mit viel Energie krampfhaft versucht, selbst aus Hundetypen, die an der Jagd tendenziell eher uninteressiert sind, auf Teufel komm raus noch etwas »herauszukitzeln«. Dem Wesen seines Hundes wird man damit nicht gerecht. Aber das nur am Rande. ■

Wissen Hunde eigentlich, wie alt sie sind?

NINA RUGE: Ich frage mich ab und zu, ob unsere schlauen Hunde ein Gefühl für Zeit, Alter und Vergänglichkeit haben. Wenn ich sie auf der Spielwiese beobachte, scheint es zum Beispiel, als hätten Welpen eine gewisse Narrenfreiheit. Selbst mein Lupo lässt ihnen einiges durchgehen. Ähnlich verhält er sich auch gegenüber Hundesenioren. Wir treffen beim Gassigehen zum Beispiel öfter Bomba, einen 13-jährigen Viszla-Rüden. Mit ihm trottet Lupo friedlich schnüffelnd durch die Landschaft. Dabei bleibt er gerne auch hinter Bomba, was auf mich beinahe so wirkt, als zeige er einen gewissen Respekt gegenüber dem alten Herrn. Es scheint fast, als wären alte Hunde keine Konkurrenten mehr, genauso wie es Welpen noch nicht sind. Lupo hat also allem Anschein nach ein Gespür dafür, wie alt seine Artgenossen sind, und kann einigermaßen realistisch einschätzen, wie viel Kraft und Erfahrung sie mitbringen.

Merkt Lupo, dass er erwachsen ist?

Lupo selbst erscheint mir, seit er erwachsen ist, viel selbstsicherer, aber auch dominanter. Er braucht sich nicht mehr an jedem männlichen Vierbeiner abzuarbeiten, macht aber seinen Herrschaftsanspruch in manchen Situationen umso aggressiver klar. Hat er damit ein gewisses »Bewusstsein« für seine Entwicklungsstufe entwickelt? Versteht er intuitiv, dass er ausgewachsen, paarungsfähig und auf dem Höhepunkt seiner Kräfte ist?

Hunde sind äußerst aufmerksam. Erst wenn die Sinne nachlassen, sinkt das Interesse an der Umwelt.

>> *In allen naturnah lebenden Menschengesellschaften genießen die Alten Respekt und Anerkennung. Genauso ist es bei den Wölfen.* «

Beim alten Bomba dagegen scheint jedes Interesse an seiner hündischen Umwelt verloren. Er geht quasi mit sich selbst spazieren und hört nur sporadisch auf seine Menschen, weil er den Anschluss nicht verlieren will. – Offensichtlich lässt auch sein Sehvermögen nach, und so vertraut er fast ausschließlich auf seine Nase. Kein Wunder, dass ihn andere Vierbeiner nicht mehr sonderlich interessieren. Mit ihnen zu spielen, zu toben wäre ja aus vielerlei Gründen eine viel zu große Herausforderung. Ahnt Bomba, dass er alt ist, ein Hundegreis? Kann es sein, dass Hunde ein gewisses Bewusstsein dafür entwickeln, in welcher Entwicklungsphase sie gerade stecken? ■

GÜNTHER BLOCH: Über die Frage, ob sich Hunde ihres Alters bewusst sind, kann man lange streiten. Zum einen »zwickt« es, wie bei alten Menschen, auch bei Hundesenioren hier und da. Das fühlt man, das merkt man, das weiß man. Und immer wieder sind die körperlichen Defizite Auslöser einer sogenannten schmerzassoziierten Aggression. Denn nicht selten greift ein Hund mit gesundheitlichem Handicap (zum Beispiel mit HD, Spondilose oder einem anderen Schmerzherd) Artgenossen wohlweislich präventiv an, weil er ansonsten befürchten muss, angerempelt zu werden. Und das würde wiederum Schmerz bedeuten.

Was die soziale Komponente der Frage angeht, so wissen wir aus unseren Wolfs- und Hundestudien sehr genau, dass ältere Gruppenmitglieder aufgrund ihrer altersbedingten Klugheit sehr geschätzt werden. »Omas« und »Opas« genießen zwar keine Paarungsrechte mehr. Dafür wissen sie aber gegebenenfalls bestimmte Dinge, die Jungkaniden wegen ihrer fehlenden Lebenserfahrung einfach noch nicht wissen können. Unter Freilandbedingungen kann dieser Erfahrungsvorteil den Unterschied zwischen Leben und Tod bedeuten. Wildhunde sind deshalb schlau genug, ihre alten Familienangehörigen zu achten. ■

Alte Hunde haben wie alte Menschen viel Erfahrung und werden daher von ihresgleichen wohlgeachtet.

Wie intelligent sind Hunde?

Dr. Immanuel Birmelin beschäftigt sich seit über 25 Jahren mit der Erforschung des Verhaltens von Haus-, Zoo- und Zirkustieren. Dabei untersucht er auch intensiv die Intelligenz von Hunden. Gemeinsam mit seinem Team gelang es ihm zu zeigen, dass unsere Vierbeiner denken können.

Am eigenen Bernhardiner beobachtet Immanuel Birmelin jeden Tag, wie Hunde lernen.

GIBT ES »HUNDEFORSCHUNG«?

NINA RUGE: Seit wann ist Intelligenzforschung bei Hunden als seriöses wissenschaftliches Thema anerkannt?

IMMANUEL BIRMELIN: Entsprechende Forschungsprojekte gibt es zwar bereits seit zehn bis 15 Jahren. Trotzdem ist die Meinung der Wissenschaft hierzu bis heute gespalten. Das Problem ist ja, dass an seriöse Forschung bestimmte Anforderungen gestellt werden. Zum Beispiel müssen Versuche und Beobachtungen wiederholbar sein. Ein einmaliges Ergebnis zählt nicht. Am leichtesten wäre es für Wissenschaftler, mit Laborhunden zu arbeiten. Aber im Universitätsbetrieb ist dies fast nicht möglich und zudem zu teuer und aufwendig. Aber man hat eine praktikable Lösung gefunden, indem man Hundehalter in die Forschung mit einbezieht. Konkret heißt das: Hund und Herr (oder Frau) kommen in die Universität, wo sie entsprechende Versuche durchführen und anschließend wieder nach Hause gehen.

NINA RUGE: Wie lange beschäftigen Sie sich schon mit der hündischen Intelligenz?

IMMANUEL BIRMELIN: Ich habe schon früh begonnen, meine eigenen Hunde zu beobachten, also in gewisser Hinsicht private Feldforschung betrieben. Mich hat die Grundintelligenz von Tieren einfach schon immer sehr interessiert, nicht nur die von Hunden. Entscheidend für das Verständnis tierischer Intelligenz ist meiner Ansicht nach die Tatsache, dass Emotion und Intelligenz nicht zu trennen sind. Genauso wenig wie sich Haltungsbedingungen und Intelligenzforschung voneinander trennen lassen.

NINA RUGE: Wie meinen Sie das konkret?

IMMANUEL BIRMELIN: Ganz einfach: Ein Tier muss sich wohlfühlen, sonst komme ich an seine Intelligenz überhaupt nicht heran. Wenn ein Tier sich nicht wohlfühlt, denkt es einfach nicht, löst keine Aufgaben. Diese Erkenntnis habe ich in Forschungen mit Zirkustieren gewonnen, aber auch aufgrund eigener Experimente. Dabei hatte ich übrigens den Eindruck, dass besonders gut gedrillte, extrem gehorsame Tiere nicht besonders kreativ sind und ihr Intelligenzpotenzial nicht ausschöpfen können, weil sie nur auf Befehle warten.

NINA RUGE: Sie leiten seit 20 Jahren im Freiburg-Seminar, einer Einrichtung des Landes Baden-Württemberg für besonders begabte junge Menschen, Kurse in experimenteller Verhaltensforschung. Arbeiten Sie dort auch mit Hunden?

IMMANUEL BIRMELIN: Wir haben viele wissenschaftliche Experimente durchgeführt, bei denen der Hund zum Beispiel ein Leckerli aus einem präparierten Käfig angeln oder um eine Glasscheibe laufen musste, um an die Belohnung zu kommen.

Das Ergebnis war eindeutig: Die klügeren Versuchsteilnehmer dachten ganz offensichtlich nach, was zu tun sei. Und kamen, nachdem sie das Problem begriffen hatten, ohne Umwege an das Objekt der Begierde.

WANN IST EIN TIER INTELLIGENT?

NINA RUGE: Wie definieren Sie persönlich denn tierische Intelligenz?

IMMANUEL BIRMELIN: Intelligenz heißt »denken« und »Problem lösen«. Das Tier spielt eine Situation oder Wege zur Problemlösung zunächst im Kopf durch und handelt erst dann zielgerichtet. Wir haben intensiv mit der Entlebucher

Männchen machen: für manche Hunde ist das ein Kinderspiel, für andere eine echte sportliche Herausforderung.

Sennenhündin Cora geforscht und konnten beispielsweise anhand der schon erwähnten Leckerli-Tests nachweisen, dass sie wusste, was sie tut. Cora ist sich ihrer Handlungen also tatsächlich bewusst. Für den Hundehalter ist die Kenntnis über die Intelligenz seines Hundes äußerst wertvoll. Schließlich kann er seinen Hund angemessener behandeln, wenn er weiß, was dieser intellektuell zu leisten vermag.

NINA RUGE: Woran merken Sie denn, dass ein Hund »denkt«?

IMMANUEL BIRMELIN: Da sieht man: Der Hund wird mit einem Problem konfrontiert und macht erst einmal eine Pause, um zu überlegen. Dann handelt er. Andere Hunde probieren gleich wie wild herum und fangen erst später an zu überlegen, wenn das spontane Handeln nicht zum Ziel geführt hat. Bei Affen gibt es übrigens ganz ähnliche Typen: Orang-Utans denken zum Beispiel meist erst einmal nach, bevor sie handeln. Bei Schimpansen ist es genau umgekehrt.

NINA RUGE: Wie darf man sich die Experimente, mit deren Hilfe Sie die Intelligenz von Hunden erforschen, vorstellen?

IMMANUEL BIRMELIN: Für einen Versuch haben wir zum Beispiel eine »Problembox« entwickelt. Dieser große Gitterbox hat auf beiden Schmalseiten unten eine Art Schublade. Wirft man von oben ein Leckerli in die Box, fällt es in eine der beiden Schubladen. Das Tier muss nun abstrahieren: »Wenn ich oben auf die Kiste springe, werde ich das Leckerli nicht kriegen. Denn sie ist oben geschlossen, und das Leckerli liegt unten auf dem Boden.« Der Hund muss also um die Box herumlaufen – und damit weg vom Leckerli –, um herauszufinden, dass sich dort eine Schublade befindet, die er herausziehen könnte. Doch selbst wenn der Hund um die Box läuft: Der Öffnungsmechanismus liegt zum einen recht versteckt und ist zum anderen auch nicht leicht zu bedienen. Acht von zehn Hunden scharren einfach herum. Nur zwei entdecken den Mechanismus und erobern das Leckerli dann ganz gezielt. Eine großartige Intelligenzleistung!

GIBT ES BESONDERS SCHLAUE HUNDE?

NINA RUGE: Mir ist aufgefallen, dass im Zirkus fast ausschließlich Mischlinge auftreten. Sie sie intelligenter als Rassehunde?

IMMANUEL BIRMELIN: Das glaube ich nicht. Ich denke, das liegt eher daran, dass Mischlinge nicht so viel kosten wie Rassehunde. Bei den vielen Hunden, die wir getestet haben, gab es in puncto Intelligenz keinen Unterschied zwischen Rasse- und Mischlingshunden.

>> *Intelligenztraining ist nicht nur in den ersten Lebenswochen möglich. Unsere Hunde lernen bis ins hohe Alter.* «

NINA RUGE: Denken Sie überhaupt, dass die Intelligenz eines Hundes genetisch bedingt ist? Oder handelt es sich dabei eher um eine erworbene Fähigkeit?

IMMANUEL BIRMELIN: Dazu mag ich mich nicht im Detail äußern, weil man bislang zu wenig darüber weiß. Sicher ist ein gewisser Teil angeboren. Aber wie groß dieser Anteil ist, weiß niemand. Darüber gibt es nur Spekulationen. Ein »Wissenssockel«, den sich der Hund durch Lernen erworben hat, ist wichtig für ihn, um neue Probleme lösen zu können.

WIE EINZIGARTIG SIND HUNDE?

NINA RUGE: Sie haben ja über die Intelligenz vieler verschiedener Tierarten geforscht. Wo steht der Hund im Vergleich zu seinen Mitgeschöpfen?

IMMANUEL BIRMELIN: Da gibt es bislang keinerlei Vergleichsforschung, ich kann also nur aus dem Gefühl heraus antworten. Also, ein Kolkrabe ist deutlich intelligenter als ein Hund. Ich würde sagen, Hunde sind vielleicht ähnlich intelligent wie Wellensittiche.

NINA RUGE: Wie bitte?

IMMANUEL BIRMELIN: Na ja, vielleicht haben Sie bislang nur Wellensittiche kennengelernt, deren Haltungsbedingungen nicht optimal waren. Diese Vögel sind natürlich entsprechend traumatisiert, und dementsprechend ist natürlich auch ihre Intelli-

genzleistung blockiert. Wenn ich mir übrigens meine Vergleichsbeobachtungen zwischen Hunden und Katzen anschaue, sieht es so aus, als hätten unsere Stubentiger ein höheres Abstraktionsvermögen. Einige Katzen können zum Beispiel größere von kleineren Gegenständen unterscheiden und im mathematischen Sinne bis vier zählen. Hunde verfügen dafür eindeutig über eine größere Kommunikationsfähigkeit als Katzen.

NINA RUGE: Sind Hunde denn zumindest bezüglich dieser Kommunikationsfähigkeit Ausnahmetalente im Tierreich?

IMMANUEL BIRMELIN: Auch da muss ich Sie enttäuschen. Papageien zum Beispiel können locker mit unseren Hunden mithalten. Aber der Mensch assoziiert Intelligenz einfach eher mit Tieren, die ihm selbst nahestehen, wie zum Beispiel Affen oder eben auch Hunde. Trotzdem kann mein Papagei mindestens vergleichbar mit mir kommunizieren wie mein Hund. Und er hat auch eine ebenso feste Bindung zu mir.

Lernen durch Beobachten: eine »Methode«, die Hunde oft und gerne anwenden.

Unser
bester Freund

Die Beziehung von Menschen und Hunden

Seelenverwandter Hund

Menschen und Hunde scheinen einfach füreinander geschaffen. Wohl kaum ein Tier spiegelt so sehr unser eigenes Ich wider. Doch gerade diese innige Nähe bringt auch mit sich, dass wir in besonderem Maße Verantwortung für unsere vierbeinigen Gefährten übernehmen müssen.

Haben Mensch und Hund eine einzigartige Beziehung?

NINA RUGE: Als ich ein kleines Mädchen war, wünschte ich mir nichts sehnlicher, als einen eigenen Hund oder eine eigene Katze zu haben. Doch meine Mutter fürchtete neue Pflichten und stellte sich quer (was ich heute übrigens nur zu gut nachvollziehen kann). So kam es zu einem, wie ich damals fand, langweiligen Kompromiss: Schildkröte und Wellensittich. Beide konnte man im Urlaubsfall wunderbar bei den Nachbarn unterbringen. Und viel Zeit musste auch nicht investiert werden. Fragen zur Erziehung stellten sich erst gar nicht, die Tierarztkosten waren niedrig, es gab keine Ernährungsdiskussionen, und niemand brauchte Gassi zu gehen. Entsprechend leidenschaftslos war auch unsere Beziehung: Die Griechische Landschildkröte fraß ihren Salat, schlurfte im Sommer im Gartengehege herum und verschlief den Rest des Jahres in ihrer Kiste. Wir mochten uns, hatten uns aber nicht viel zu sagen. Peppi, der Wellensittich, fiepte mir die Ohren voll, wenn ich in mein Zimmer kam, und segelte glücklich durch die Lüfte, um mit Schmackes auf meinem Kopf zu landen. Vor allem wenn ich Hausaufgaben machen musste, fand er es dort gemütlich. Die Spuren, die er dabei hinterließ, zieren noch heute die wenigen Hefte, die ich als Erinnerungsstücke aufhebe. Er zeigte mir unmissverständlich, dass er meine Gegenwart schätzte und dass er es blöd fand, wenn ich verschwand. Das war nett. Aber nicht zu vergleichen mit dem, was mich mit meinen Hunden verbindet. Lupo und Vroni sind meine Seelenverwandten. Wir kommunizieren intensiv auf den verschiedensten Kanälen. Die wichtigste Botschaft: »Ich gehöre zu dir.« Dabei sind wir durchaus immer mal wieder unterschiedlicher Meinung. Aber das trübt nicht dieses groß-

>> *Lupo liebt mich, und für Vroni bin ich ein strahlender Stern. Ich weiß, was ich sehe, wenn ich in diese Augen schaue: unendlich tiefe Hundeliebe.* «

artige Grundgefühl. Wenn ich keinen kapitalen Verhaltensfehler begehe, kann uns niemand trennen. Ich frage mich natürlich, ob andere Tiere sich nicht so sehr für uns, unsere Intentionen und unsere Welt interessieren wie Hunde? Mir fällt einfach kein Tier ein, mit dem eine harmonische Beziehung auf so hohem Niveau möglich wäre. Ist tatsächlich nichts so innig wie die Partnerschaft zwischen Mensch und Hund? ■

GÜNTHER BLOCH: Auch wenn viele Tierbesitzer jetzt wahrscheinlich aufschreien, würde ich in Bezug auf den Hund ganz ähnlich argumentieren. Aber wer bin ich schon? Ein (Mehr-)Hundehalter mit wenig detaillierten Fachkenntnissen über andere Haustiere. Trotzdem: Mensch und Kaniden verbindet eine Art unsichtbares Band. Mensch und Hund sind verspielte Säugetiere, die sich gerne miteinander beschäfti-

Es gibt wohl kein Tier, das dem Mensch nähersteht als der Hund. Jahrtausende prägen die Beziehung.

gen und zusammenarbeiten. Und wir sind uns ohne jeden Zweifel in vielem unglaublich ähnlich, ich nenne hier als Beispiel nur einmal die sozialen Kompetenzen und die Kommunikationsfähigkeit.

Einmalig ist eine Beziehung zwischen zwei verschiedenen Arten allerdings nicht. Unsere langjährigen Verhaltensbeobachtungen in freier Wildbahn bestätigen zum Beispiel eindrucksvoll, dass auch Wolf und Rabe »soziale Mischgruppen« formen, die für beide Arten Vorteile bieten: Die Vögel warnen die Wölfe vor Gefahren und dürfen sich als Gegenleistung dafür bei den Beuterissen bedienen. Die Fähigkeit und das Bestreben von Hunden, sich an andere Tierarten (einschließlich den Menschen) anzupassen, geht also eindeutig auf wölfische Wurzeln zurück.

Hunde beobachten uns sehr genau und wissen daher oft, was wir von ihnen wollen.

Wir verstehen uns einfach gut

Und dennoch: Es ist wohl das tiefe gegenseitige Verständnis, das Mensch und Hund so sehr zusammenschweißt. Wir spüren die bedingungslose Liebe unserer Vierbeiner. Das ist ein schönes, sicheres Gefühl – und vermutlich der Hauptgrund, warum wir Hunde halten. Selbst Kinder und Hunde verstehen sich intuitiv und hegen Sympathien füreinander – vorausgesetzt, sie haben die Möglichkeit, sich unvoreingenommen kennenlernen zu dürfen. Selbstverständlich

sollte dabei immer ein Erwachsener anwesend sein. Schließlich müssen Kinder genau wie junge Hunde erst lernen, wie man interagiert und kommuniziert, um Missverständnisse zu vermeiden. Doch genau dieses unbeschwerte Zueinanderfinden ist ja heutzutage leider keine Selbstverständlichkeit mehr. Ich jedenfalls fühlte mich schon als kleiner Junge zu allerlei Tieren und besonders zu Hunden hingezogen. Sie waren gute »Kumpels«, die mich ohne große Worte immer verstanden. Wer weiß, vielleicht war letztendlich diese Faszination der Grund, weshalb ich Kanidenforscher wurde. ■

> *» Wir halten Hunde heutzutage kaum mehr als Wächter oder damit sie andere Aufgaben erfüllen, sondern betrachten sie vielmehr als Partner. «*

Egal, wie alt ein Hund ist: Er braucht seinen Menschen. Verliert das Tier die Bezugsperson, leidet es sehr.

Wie verarbeiten Hunde den Verlust »ihres« Menschen?

NINA RUGE: Als der Vorbesitzer unseres Hauses in Italien nach Deutschland zurückkehrte, hinterließ er uns einen Deutschen Schäferhund. Samy war ungefähr neun Jahre alt und ein freundliches, anhängliches Tier, das nach dem Verschwinden seines Herrn eine heftige Krise durchlebte. Er lag apathisch im Garten, ließ sich zwar streicheln, schien sich aber über nichts freuen zu können – auch nicht, wenn das Futter nahte. Er verstand jedoch wohl recht schnell, dass ich sein neues Frauchen war, und wich mir bald nicht mehr von der Seite. Wenn ich nicht da war, kümmerte sich ein Nachbar um ihn. Doch Samy war sichtlich durcheinander. Wohin gehörte er denn nun? Man sah ihm an, dass er litt.

Warum rastete Samy aus?

Als mich eine Freundin mit ihrer Labradorhündin besuchte, eskalierte die Situation. Zunächst beschnupperte Samy die Hundedame scheinbar noch ganz entspannt. Doch in einem unbeobachteten Moment stürzte er sich plötzlich mit gefletschten Zähnen und fürchterlichem Knurren auf das völlig verdatterte Tier und verletzte es heftig am Oberschenkel. Ich fiel aus allen Wolken: Mein lammfrommer Samy – eine Bestie? Als dann Klein Lupo einzog, geschah Ähnliches. Die beiden kamen mehr recht als schlecht miteinander aus. Wenn wir in der Nähe waren, schien Samy zwar von dem Jungspund genervt, aber er fügte sich in die

>> *Die gezielte Aggression gegen Eindringlinge entwickelte Samy erst nach dem Verlust seiner Bezugsperson. Er war einfach total verunsichert.* <<

neue Situation. Doch wehe, wenn die beiden außer Sichtweite waren. Dann schnappte Samy nach dem kleinen Welpen und biss ihn, ohne zu zögern, ins Ohr. Als ich das sah, hatte ich keine Ruhe mehr. Wozu wäre der frustrierte, verunsicherte Schäferhund noch fähig? Würde er dem armen Lupo vielleicht noch viel mehr antun, wenn er sich mit ihm allein wähnte? Obwohl ich Samy tief in mein Herz geschlossen hatte, spielte ich mit dem Gedanken, ihn wegzugeben. Glücklicherweise fand ich doch noch einen Platz für Samy. Es ging ihm in seiner neuen Familie richtig gut. Nur Hunde durften nicht zu Besuch kommen. Die biss er gnadenlos weg. Dabei war Samy früher so ein beeindruckender, freundlicher Riese.

Heute denke ich, dass Samy den kleinen Rest an Zuwendung, den man ihm gewährte, nicht auch noch teilen wollte. Schon gar nicht mit einem Welpen, der dauerhaft in seinem Revier wohnen sollte. Ist es nicht furchtbar, dass Menschen einen Hund so verletzen können, dass solch ein dauerhafter Schaden zurückbleibt, eine Neurose, eine Depression, was auch immer? ■

Jeder Hund trauert auf seine Art. Manche ziehen sich zurück, andere werden widerspenstig.

» *Hunde leiden extrem, wenn ihre angestammte Vertrauensperson plötzlich fehlt, sie keine Lebensaufgabe haben oder es ihnen an sozialen Kontakten mangelt.* «

GÜNTHER BLOCH Hütehunde – und zu dieser Gruppe zählt ja auch der Deutsche Schäferhund – sind grundsätzlich sehr personenbezogene Vierbeiner. Sie wurden seit jeher darauf selektiert und gezüchtet, eng mit dem Menschen zusammenzuarbeiten. Ihr feines Gehör und ihr ausgeprägter Kommunikationswille sind legendär, ebenso wie ihre enorme Fähigkeit, auf jede noch so kleine Geste des Menschen zu achten, um herauszufinden, was dieser genau von ihnen erwartet. So ein Hundetyp läuft »seinem« ganz speziellen Sozialpartner am liebsten auf Schritt und Tritt hinterher. Ja, er himmelt sein Herrchen oder Frauchen geradezu an. Infolgedessen neigt er aber auch zu besitzanzeigenden Verhaltenstendenzen und erhebt gerne territoriale Ansprüche gegenüber zwei- und vierbeinigen Konkurrenten. Auf Außenstehende mag das zunächst befremdlich wirken. Aber es entspricht dem Wesen dieser Hunde zutiefst.

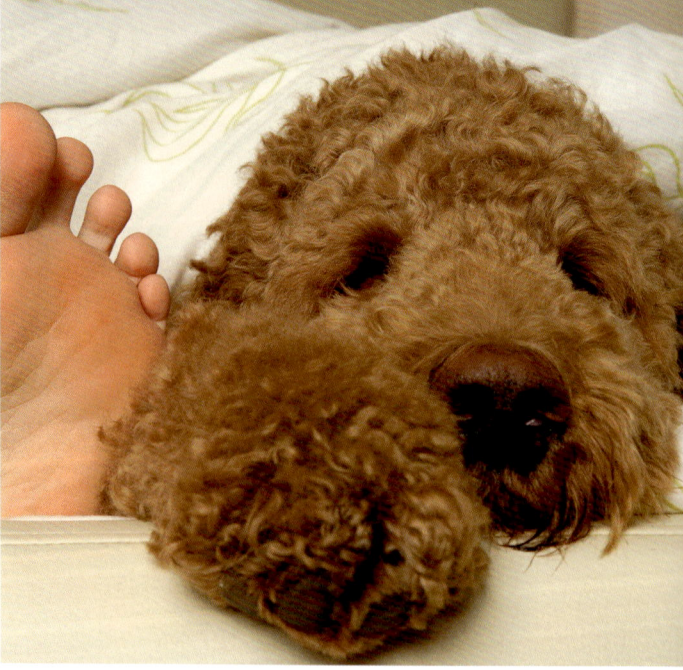

Ausgiebiges Kuscheln ist für das Seelenleben eines Hundes extrem wichtig.

Hunde leiden stumm

Dass sich ein Hund so abweisend gegenüber seinen Artgenossen verhält wie Samy, kann mehrere Gründe haben. Zum einen mag nicht jeder erwachsene Hund Welpen. Er ist deswegen aber noch lange nicht gestört. Denn der viel zitierte »Welpenschutz« bezieht sich, wenn überhaupt, nur auf einen toleranten Umgang mit dem eigenen Nachwuchs, nicht mit fremden Welpen.

Hinzu kommt, dass man nicht weiß, ob der Schäferhund in der entscheidenden Entwicklungsphase umfangreich beziehungsweise umsichtig genug auf Artgenossen sozialisiert wurde. Es könnte sich somit um ein ohnehin zu Eifersüchteleien neigendes Individuum handeln.

Besitzerwechsel und nicht klar kommunizierte Führungsansprüche tun ihr Übriges hinzu: Hunde, deren Hauptbeziehungspartner entweder ziemlich plötzlich wegfallen und/oder kaum Präsenz zeigen, drücken ihre innerliche Zerrissenheit oftmals in übersteigerter Form aus. Und handeln dementsprechend sozioemotional frustriert. Man kann also durchaus sagen, dass ihre Seele verletzt ist. Sie leiden, und das oft stumm. ■

Hunde betrachten Menschen als echte Partner und erwarten von uns, dass wir dasselbe tun.

>> *Wenn wir unsere Vierbeiner schon als Sozialpartner bezeichnen, haben wir die Verpflichtung, sie behutsam in ein Gruppengefüge einzuweisen.* <<

>> *Hunde lieben Routine, denn die schafft Einschätzbarkeit – und hilft ihnen letztendlich auch, Schicksalsschläge zu übewinden.* <<

Können Hunde ihr Schicksal auch vergessen?

NINA RUGE: Vor ein paar Jahren erzählte mir unser Tierarzt von einem kleinen Entlebucher-Mädchen. Aika hatte ihr Frauchen verloren. Die ältere Dame war eines Nachts völlig überraschend verstorben. Erst zwei Tage später fand man die Tote und den völlig verstörten Hund. Aika schien jedes Vertrauen verloren zu haben. Sie war ein zitterndes, völlig verängstigtes Bündel, das weder Menschen noch andere Vierbeiner in ihre Nähe ließ. Nicht einmal sich selbst schien sie zu mögen. Diese Hündin lief so orientierungslos durch die Gegend, als rennte sie vor sich selbst weg. Zum Glück nahm die Tochter der Dame Aika zu sich. Und so kam es doch noch zu einem Happy-End. Aika blieb wohl sehr scheu, war ihrem neuen Frauchen aber innigst verbunden und baute langsam neues Selbstbewusstsein auf.

Lässt sich Vertrauen stärken?

Diese positive Erinnerung vor Augen hielt ich vor ein paar Monaten eine Laudatio auf eine Organisation, die Labor-Beagles vermittelt. Wieder war ich hin und weg. In den richtigen Händen, bei Menschen mit unendlicher Geduld und Fingerspitzengefühl, entwickelten diese Tiere eine Art neues Grundvertrauen. Vielleicht wird da immer ein Schatten sein – doch es war großartig zu sehen, wie diese gequälten Kreaturen noch einmal von Grund auf lernen konnten zu leben. Wie sie begannen, sich ihre Welt zu erobern, mit für uns so alltäglichen Dingen wie Tageszeiten, Jahreszeiten, frischer Luft, Spiel, Bewegung – und Bindung.

Meine Schlussfolgerung: Wenn Hunde Vertrauen verlieren, ist manchmal auch ihr Selbstvertrauen weg. Da hilft nur Geduld, Wärme und Sicherheit. Manche starke Hundepersönlichkeit mag sich komplett befreien von alten seelischen Verletzungen. Einige tragen bleibende Narben mit sich, bei anderen heilen die Wunden nie. Auf jeden Fall ist offenbar ganz viel möglich an »Seelenheil«. Man muss nur wissen, wie. ∎

GÜNTHER BLOCH: Die Seele ist ein empfindliches Ding. Und das Verhalten eines Hundes ist ein ewig während Anpassungsprozess an Zeit und Raum. Das bedeutet, dass beziehungsrelevante »atmosphärische« Störungen die sozioemotionale Zufriedenheit unserer Vierbeiner empfindlich stören und unter Umständen sogar entsprechende Verhaltensveränderungen auslösen können. In der Tat ist viel Geduld und Geborgenheit nötig, damit ein Hund wie Aika den Verlust eines geliebten Menschen und der gewohnten Umgebung überwinden kann. Auf keinen Fall sollte man dabei aber um jeden Preis versuchen, das Tier mit Liebe zu überschütten. Genau das ist sogar grundfalsch! Die Seele eines in unseren Augen »armen Würstchens« heilt dann am nachhaltigsten, wenn das Tier Erfolge und Misserfolge selbst verarbeiten kann. Hunde sind flexibel und unglaublich anpassungsfähig. Sie müssen aber selbst entscheiden dürfen, ob sie einem Menschen Vertrauen entgegenbringen können und wollen.

Hunde brauchen Hunde

Bei Laborhunden unterschreibe ich diese Aussage nur bedingt. Selbst Menschen mit viel Fingerspitzengefühl schaffen das oft nicht alleine. Trotzdem: Es ist sicherlich nicht einfach und erfordert in der Tat viel Geduld, aber wir haben schon Dutzende Labor-Beagle wieder zu fröhlichen Hunden

sozialisiert. Dazu haben wir sie zunächst mit freundlichen, eher zurückhaltenden Artgenossen zusammengeführt und uns als Mensch erst einmal bewusst rausgehalten. Denn Hunde vertrauen zuallererst Hunden. Von ihnen lernen sie am ehesten, was »normal« ist, wie man sich »suspekten« Dingen nähert und was oder wen man am besten grundsätzlich meidet. Natürlich sollte das verstörte Tier auch uns Menschen als sozioemotional stabile Präsenz in guter Erinnerung behalten – aber dazu gehört es ja gerade, dass wir sie nicht ständig anschauen, ansprechen oder streicheln. Mit dieser Frühphase, die überwiegend soziales Lernen in der Hundegruppe vermittelt, schaffen wir die besten Voraussetzungen für ein ausgewogenes »Seelenheil«. ■

»Verzweifelte« Hunde brauchen ein stabiles Umfeld, um neue Lebenskraft zu gewinnen.

Von Hunden und ihren Haltern

Diplom-Psychologin und Hundebesitzerin Dr. Silke Wechsung leitet am Psychologischen Institut der Universität Bonn das Projekt »Mensch und Hund«. Dort entwickelte die Expertin in der wissenschaftlichen Untersuchung der Mensch-Hund-Beziehung den »Mensch-Hund-Check«, mit dem jeder Hundehalter die Beziehung zu seinem Vierbeiner überprüfen kann.

Ein eingespieltes Team: Dr. Silke Wechsung und ihre Riesenschnauzer-Hündin Nessi.

WELCHER HUND PASST ZU MIR?

NINA RUGE: Auf die Frage »Welcher Hund passt zu mir?« antworten Sie spontan mit der Empfehlung: »Erkenne dich selbst!« Warum ist das so wichtig?

SILKE WECHSUNG: Unsere Forschungen bestätigen ganz eindeutig, dass diejenigen Hundebesitzer, die sich selbst genau prüfen, bevor ein Hund ins Haus kommt, und die sich auch mit den verschiedenen Rassemerkmalen auseinandersetzen, eine gute Mensch-Hund-Beziehung aufbauen.

NINA RUGE: Die bewusste Entscheidung für einen Hund gilt sicherlich für viele vorbildliche Hundehalter. Aber läuft dieser Auswahlprozess nicht auch sehr häufig recht unbewusst ab?

SILKE WECHSUNG: Oft fallen Entscheidung und Auswahl tatsächlich nicht bewusst. Es kommt zu Spontankäufen, weil das Hundebaby so süß, das Mitleid so groß oder die Sehnsucht nach einem Haustier so gewaltig ist. Doch wenn nur das Bauchgefühl entscheidet, geht es leider oft schief. Viele bereuen recht bald, sich nicht genügend Gedanken gemacht zu haben, bevor der Welpe oder Junghund eingezogen ist. Es gibt im Gegenteil aber auch die extrem »verkopften« Menschen. Für sie ist die Entscheidung für einen Hund und die anschließende Wahl der »richtigen« Rasse durch Punktesysteme,

>> *Es ist wichtig, sich schon im Vorfeld Gedanken darüber zu machen, welcher Hund zu einem passen könnte.* <<

Argumentationskaskaden und Bewertungsmatrix gewissermaßen zu einer kühlen Mathematik verkommen. Das würde ich auch nicht unbedingt empfehlen.

NINA RUGE: Welches sind denn die entscheidenden Kriterien für oder gegen einen bestimmten Hund?

SILKE WECHSUNG: Auf Platz eins steht eindeutig das Aussehen! Die Optik eines Hundes rangiert deutlich vor rassespezifischen Charakteristika. Zum Beispiel entscheiden sich viele Städter für einen Weimaraner, weil er so elegant aussieht und seine Farbe so edel wirkt. Dabei ist diese Rasse ein ausgeprägter Jagdhund und zudem nicht gerade ideal für Anfänger, die diesem Hund oft nicht gerecht werden. Ähnliches gilt für den Ridgeback oder Hütehunde wie Border Collies. Letztere sind in den vergangenen Jahren extrem »in« geworden, obwohl viele Halter mit einem solchen Hund überfordert sind.

WARUM WOLLEN SO VIELE MENSCHEN EINEN HUND?

NINA RUGE: Und was sind typische, mehr oder weniger unbewusste Beweggründe, sich einen Hund zuzulegen?

SILKE WECHSUNG: Bei einigen Menschen ist es Mitleid. Sie sehen einen abgemagerten Straßenhund in Griechenland, Serbien oder irgendeinem anderen südeuropäischen Land und denken bei diesem Anblick: »Ich kann dieses arme Tier doch nicht im Elend zurücklassen. Den nehme ich mit nach Hause. Da soll er es besser haben.« Aber das hat der Hund nicht unbedingt. Für viele ist aber auch das Prestige wichtig. Für diese Menschen ist ein besonderer Hund ein beeindruckendes Attribut, um sich vermeintliche Bedeutung zu verleihen. Dann sorgt beispielsweise ein Chihuahua als Modeaccessoire für den »Paris-Hilton-Effekt« oder ein Pitbull dient der Machtdemonstration und zur Einschüchterung, weil er so gefährlich aussieht.

Hund wissen sehr gut, wie sie uns um den Finger wickeln können. Doch die Entscheidung für das Tier sollte immer wohlüberlegt sein.

NINA RUGE: Spielt es denn gar keine Rolle, dass mit dem Hund Wärme und Leben ins Haus kommen sollen?

SILKE WECHSUNG: Oh doch! Immerhin geben 35 Prozent der Hundehalter an, dass sie zu ihrem Hund eine engere Beziehung haben als zu Menschen. Das gilt nicht nur für Singles, sondern auch für Menschen, die in einer Partnerschaft und/oder Familie leben. Hunde füllen häufig die Leere in Beziehungen, sie übernehmen oft eine Beziehungsfunktion, die bei Menschen vermisst wird. Natürlich bringen Hunde auch Wärme und Leben in den Haushalt von alleinstehenden oder älteren Menschen. Häufig dienen sie auch als Kindersatz oder als gemeinsames Hobby mit dem Partner. Und nicht zuletzt hofft so mancher, dass er durch den Hund neue Sozialkontakte knüpfen kann, zum Beispiel indem er auf der Hundewiese andere Menschen kennenlernt.

Nicht unbedingt ein Hund für die Stadt: der Magyar Vizsla.

NINA RUGE: Sind Hunde mit diesen Rollenerwartungen nicht überfordert?

SILKE WECHSUNG: In der Tat muss die Erwartungshaltung an den eigenen Hund oft relativiert werden. Starre, überzogene Erwartungen münden sehr oft in furchtbare Enttäuschung. Es wird dann leicht übersehen, dass der ach so enttäuschende Hund andere, tolle Eigenschaften hat! In zwischenmenschlichen Beziehungen suchen sich die Beziehungspartner normalerweise gegenseitig aus. Beim Hundekauf entscheidet nur der Halter. Und so muss der Hund Glück haben, an einen reflektierten und verantwortungsbewussten Menschen zu geraten, der zu ihm passt.

GIBT ES UNTERSCHIEDLICHE HUNDEHALTER-TYPEN?

NINA RUGE: Wenn es so viele Gründe für einen Hund gibt, unterscheidet sich dann nicht oft auch die Art und Weise, wie das Tier gehalten wird? Gibt es also so etwas wie Hundehalter-Persönlichkeiten?

SILKE WECHSUNG: Ich unterscheide aufgrund der Forschungsergebnisse tatsächlich drei Typen von Hundehaltern: Typ 1, zu dem immerhin 22 Prozent der Hundebesitzer zählen, sind die Prestigeorientierten, die ich bereits beschrieben habe. In ihrem Fall handelt es sich um eine eher egoistische, zugleich vermenschlichende Hundehaltung. Die Tiere haben sich an die Bedürfnisse des Halters anzupassen, auch wenn das nicht immer artgerecht ist.

NINA RUGE: Geht es Hunden bei den beiden anderen Haltertypen besser?

SILKE WECHSUNG: Typ 2 ist der emotionale, auf den Hund fixierte Halter. Der Hund wird als engster Partner auf ein imaginäres Podest gehoben und spielt im Leben des Halters eine entsprechend große Rolle. Zu diesem Typ zählen wir aufgrund unserer Studien 35 Prozent der Halter. Werden die Bedürfnisse des Hundes beachtet, kann es dem Hund damit gut gehen. Oftmals werden seine Bedürfnisse jedoch über die des Halters gestellt. Das ist weder artgerecht noch gut für die Mensch-Hund-Beziehung. Außerdem können auch die zwischenmenschlichen Beziehungen leiden, wenn sich alles nur noch um den Hund dreht.

Typ 3 schließlich ist der naturverbundene soziale Hundehalter. Das Tier wird auf artgerechte Weise und respektvoll gehalten. Man betrachtet ihn als Familienmitglied, aber er darf in seiner Hundewelt leben – und muss keine menschlichen Probleme kompensieren. Diesem Typ gehören 43 Prozent der Hundehalter an.

NINA RUGE: Dann geht es den meisten Hunden aber doch recht gut?

SILKE WECHSUNG: Insgesamt kann man durchaus sagen, dass es den Hunden in Deutschland im europäischen Vergleich gut geht. Dennoch wird leider auch bei uns ein Viertel aller Hunde nicht artgerecht gehalten.

Schoßhunde wie der Mops werden oft nicht artgerecht gehalten.

NINA RUGE: Bevorzugen die drei Haltertypen eigentlich bestimmte Hunderassen?

SILKE WECHSUNG: Überraschenderweise nein. Sogar der prestigesüchtige Typ 1 hält sich oft Mischlinge und nicht unbedingt einen Rassehund, wie man es vielleicht vermuten würde. Es gibt wirklich ganz unterschiedliche Konstellationen.

NINA RUGE: Gibt es umgekehrt bestimmte Hunderassen, die besonders gut zu einem Haltertyp passen?

SILKE WECHSUNG: Dazu haben wir keine Untersuchungen vorgenommen. Aber ich nehme an, dass es solche Wechselbeziehungen gibt. Doch Hund ist natürlich nicht gleich Hund. Auch innerhalb

Auch wenn sie in der Gruppe unterwegs sind, müssen Hunde (und Halter) Rücksicht nehmen.

SILKE WECHSUNG: Generell gilt, dass der Hund möglichst ähnliche Eigenschaften und Interessen haben sollte wie der Halter – oder diese entwickeln könnte. Diejenigen Mensch-Hund-Beziehungen, in denen sich die Interessen ähneln, sind die glücklichsten. Ein paar Beispiele: Treibt der Mensch gerne Sport, sollte auch der Hund agil sein. Ein sehr selbstbewusstes Tier harmoniert eher mit einer starken Persönlichkeit. Ein sehr sensibles leidet dagegen unter einem eher gefühlsblockierten, uneinfühlsamen Halter. Für Sauberkeitsfanatiker sind langhaarige oder wasserliebende Hunde weniger geeignet.

NINA RUGE: Sicher sind oft falsche Erwartungen der Grund dafür, dass die Beziehung scheitert.

SILKE WECHSUNG: Ja, das kann passieren. In vielen Fällen geht der Mensch zum Beispiel davon aus, dass sich ein Hund komplett an den persönlichen Lebensstil anpasst. Hunde sind zwar irrsinnig anpassungsfähig. Deshalb leben wir Menschen ja seit Jahrtausenden mit ihnen zusammen. Doch manchmal wird diese Fähigkeit auch überstrapaziert, was im schlimmsten Fall zu Verhaltensauffälligkeiten führt.

der Rassen gibt es große Unterschiede; lediglich die Wahrscheinlichkeit bestimmter Charakteristika ist höher. Man muss sich aber immer darüber im Klaren sein, dass es ausgeprägte individuelle Hundepersönlichkeiten gibt, zum Beispiel den Ängstlichen, den Angstaggressiven, den Selbstbewussten oder den Verspielten. Die Bandbreite ist immens. Auch Rassehunde sind keine genormten Artikel, und so handelt es sich immer um einen Beziehungsfindungsprozess, wenn man sich einen Hund ins Haus holt.

WIE GLÜCKT DIE MENSCH-HUND-BEZIEHUNG?

NINA RUGE: Was sind denn die Grundvoraussetzungen für eine glückliche Partnerschaft zwischen Mensch und Hund?

>> *Viele Halter gehen fälschlicherweise davon aus, dass Hunde und Menschen die gleichen Bedürfnisse haben.* <<

NINA RUGE: Ist man eher auf der sicheren Seite, wenn man einen Rassehund wählt?

SILKE WECHSUNG: Nicht unbedingt. Denn oft gibt es eine allzu starre Erwartungshaltung, dass ein Rassehund alle der Rasse zugeschriebenen Merkmale hundertprozentig erfüllen muss. Dann darf zum Beispiel ein Wachhund nicht ängstlich sein, oder ein Retriever muss kinderlieb sein. Übrigens ein weiteres »Vorurteil«: Hunde müssen sich von Kindern alles gefallen lassen. Das ist nicht richtig. Eltern sind dafür verantwortlich, für ein friedliches und verantwortungsbewusstes Miteinander in der Familie zu sorgen. Und das heißt auch, Kindern einen respektvollen, artgerechten Umgang mit Hunden zu vermitteln. Man muss dem Nachwuchs erklären, was ein Hund mag und was nicht. Trotzdem muss man gerade bei kleinen Kindern Kind und Hund immer genau im Blick haben.

WIE WICHTIG IST VERANTWORTUNG FÜR DEN HUNDEHALTER?

NINA RUGE: Sie möchten als Mitglied der »Initiative sozialkompetenter Hundehalter« nicht nur die Mensch-Hund-Beziehung, sondern vor allem die Beziehung zwischen Hundehaltern und Nicht-Hundehaltern verbessern. Ein Thema, über das bislang nicht allzu viele Menschen nachgedacht haben dürften.

SILKE WECHSUNG: Medien und Gesellschaft beschäftigen sich zwar intensiv mit Hundethemen. Dem Umgang von Hundehaltern und Nicht-Hundehaltern wurde dabei allerdings bislang wenig Beachtung geschenkt. Hundehalter können sich oft nicht in Menschen hineinversetzen, die keinen Hund haben – und umgekehrt. Konflikte, die daraus entstehen, überdecken leicht, wie wertvoll Hunde für eine Gesellschaft sind, wie wichtig es ist, ihre Lebenswelt tolerieren zu lernen und auch wertzuschätzen, was Hunde leisten. Damit ein gedeihliches Zusammenleben von Haltern, Nicht-Haltern und Hunden möglich wird, müssen sich die Halter ihrer sozialen Verantwortung bewusst werden. Das heißt: Nur ein Halter, der seinen Hund im Griff hat, seinen Hund abrufbar erzogen hat und Rücksicht auf andere nimmt, ermöglicht einen allseitig toleranten Umgang miteinander. Für dieses Verantwortungsbewusstsein werben wir.

Egal, welche Rasse: Der Mensch muss seinen Hund im Griff haben.

Warum Hunde so gut tun

Wer einen Hund hält, übernimmt Verantwortung, zeigt Gefühle, wird ge-
braucht: Allein das reicht oft schon aus, das persönliche Befinden deutlich
zu verbessern. Doch viele Hundebesitzer schwören darüber hinaus auf die
»heilende« Kraft ihrer Tiere, die ihnen sogar hilft, Krisen zu meistern.

Wie sensibel sind Hunde?

NINA RUGE: Normalerweise würde ich
Lupo ja eher als kleinen, egoistischen Macho
bezeichnen. Aber wenn es ans Eingemachte
geht, verwandelt er sich zum wahren Seelen-
tröster, zum Herzenshund. Wenn ich zum
Beispiel an die Zeit zurückdenke, in der es
Simba so schlecht ging: Lupo war nicht nur
zurückhaltend wie nie, er suchte auch viel
mehr Körperkontakt, legte sich ständig zu
meinen Füßen. Ich erkannte ihn kaum wieder. Er, der sonst bis zur Penetranz fordernd
sein kann, war plötzlich ein sanftes Lamm.
Als hätte er verstanden, unter welchem
enormen Stress ich stand, schien er sich zu
sagen: »Oh, Frauchen geht es gar nicht gut.
Da mache ich mich mal ganz klein, falle
nicht weiter auf und zeige ihr, dass ich sie
lieb habe.« Ich wüsste zu gern, wie so eine
Verwandlung möglich ist? Oder kann es
sein, dass ich mich die ganze Zeit über in
meinem Hund getäuscht habe? ■

GÜNTHER BLOCH: Lupos sensible Verhal-
tensanpassung zeigt auf geradezu vorbildliche Art, wie feinfühlig Hunde sind. Sie
haben ihre Emotionen und ihr Wesen über
die Jahrtausende an den Menschen ange-
glichen. Und das war bei Weitem kein ein-
seitiger Evolutionsprozess. Denn mit Sicherheit hat sich auch unsere Spezies in der

Junge Hunde müssen erst lernen, dass in einer
Gemeinschaft jeder Bedürfnisse hat.

In der Kanidengemeinschaft ist man füreinander da – in guten wie in schlechten Zeiten.

Frühzeit so manche sozioemotionale Gepflogenheit, die für ein verständnisvolles Zusammenleben in der Gruppe und den Umgang miteinander unverzichtbar ist, vom Wolf abgeschaut.

Hunde sind überaus mitfühlend

Doch unsere Vierbeiner haben nicht nur gelernt, unser Ausdrucksverhalten zu entschlüsseln, unsere Gestik und Mimik genau zu deuten und daraufhin Rückschlüsse auf

unser Verhalten zu ziehen. Ihre Empfindsamkeit gegenüber anderen liegt ihnen gewissermaßen auch in den Genen. Und damit sind wir schon mittendrin im Thema: Hunde sind keinesfalls Egoisten. Lupo wird da keine Ausnahme machen, auch wenn er ein eher forscher Grundcharaktertyp ist. Sicher, junge Welpen sind gelegentlich tatsächlich nur daran interessiert, ihre eigenen Interessen durchzusetzen. Aber bei erwachsenen Kaniden ist das anders: Sie haben

gelernt, sich unabhängig von Rang und
Geschlecht umeinander zu kümmern. Sie
verfügen über die Fähigkeit, sich in schlechten Zeiten Trost zu spenden und Mitgefühl
zu zeigen. Unsere Langzeituntersuchungen
an Timberwölfen in Kanada, aber auch an
verwilderten Haushunden in der Toskana
belegen klipp und klar, dass momentane
Schwäche, Verletzbarkeit oder eine vorüber-
gehende Veränderung nicht automatisch zu
ernsten Auseinandersetzungen oder gar of-
fensiv ausgetragenen Statuskämpfen führt.
Vielmehr erhalten verletzte und kranke Familienmitglieder sozioemotionale Unterstützung und Hilfe bei der Nahrungsver-
sorgung. Diese Eigenschaft ist bei Hunden
zwar weniger ausgeprägt als bei Wölfen,
aber sie exisitiert.

Der rücksichtsvolle Lupo macht seinem
Namen also alle Ehre. Sein Verhalten ist
ein Musterbeispiel für die kanidentypische
Grundeigenschaft, auf bedrückte Gruppenmitglieder nicht nur Rücksicht zu nehmen,
sondern sich in ihr momentanes Befinden
hineinversetzen zu können. Lupo hat am
Verhalten seines Frauchens ganz klar erkannt, dass sich auf der sozioemotionalen
Beziehungsebene etwas verändert hat. Und
so ist es für ihn völlig normal, sich selbst
erst einmal zurückzunehmen und sich um
sie zu »kümmern«. ■

> *Wer in einer Gruppe Anerkennung
finden will, muss eine gewisse Bereitschaft mitbringen, den eigenen Egoismus hintenanzustellen.* <

**Aufzupassen, wenn es seinem
Frauchen schlecht geht, ist für
Lupo eine Selbstverständlichkeit.**

Empfinden Hunde auch so etwas wie Mitleid?

NINA RUGE: Als ich vor einiger Zeit nach einem ambulanten Eingriff am Knie auf Krücken und noch etwas lädiert von der Narkose nach Hause kam und Lupo notgedrungen nur sehr verhalten begrüßte, reagierte er unerwartet »vernünftig«. Normalerweise wäre er so lange um mich herumgesprungen und hinter mir hergeschwänzelt, bis ich ihn wie gewohnt mit Knuddeln, Kraulen und Jubel begrüßt hätte. Doch nein. Ein sanfter, hoch gesitteter Entlebucher begleitete mich gemessenen Schrittes zur Couch, beschnupperte die Krücke am Boden, wartete, bis ich die Decke über mir ausgebreitet hatte, und sprang dann mit einem Satz zu mir. Damit er meinem verbundenen Knie auf keinen Fall zu nahe kam, machte er sich neben mir lang und dünn und legte seinen Kopf entspannt auf meinen Bauch. Nicht, dass das eine unserer üblichen Schmusestellungen wäre. Lupo darf eigentlich gar nicht aufs Sofa, und es hat bisher auch keineswegs den Anschein erweckt, dass er dies gerne täte. Aber scheinbar dachte er nun, dass außergewöhnliche Blessuren außergewöhnliche Maßnahmen erforderten.

> » *Hunde lernen mit der Zeit, die jeweilige Stimmungslage und Grundeigenschaften aller Gruppenmitglieder zu erkennen und einzuordnen.* «

Aufmerksam geworden durch dieses Erlebnis, achte ich seitdem darauf, wie Lupo sich verhält, wenn sich einer von uns wehtut. Tatsächlich ist er immer sofort zur Stelle, wenn man sich zum Beispiel in den Finger schneidet oder das Knie anhaut und »Autsch!« ruft. Haben Hunde tatsächlich nicht nur einen feinen Sinn für unser seelisches Befinden, sondern fühlen auch mit uns mit, wenn wir körperlich angeschlagen sind? Was mich stutzig macht, ist, dass bei Vroni von alldem nichts zu spüren ist. Haben manche Hunde einfach ein ausgeprägteres Mitgefühl für die Umwelt als andere? ∎

GÜNTHER BLOCH: Typisch Hund, kann ich da wieder mal nur sagen. Kaniden verfügen einfach über eine soziokollektive Intelligenz, ohne die ein kooperatives Gemeinschaftsleben gar nicht möglich wäre. Die Rücksichtnahme auf situationsbedingt »angeschlagene« Gruppenmitglieder ist auch in einer gemischten Sozialgruppe wie der von Hund und Mensch gebräuchlich. Umso mehr, da es hier in erster Linie nicht um den sozialen Status geht, sondern um Vertrauen, um Zugehörigkeit und Kooperation.

Keine Frage des Status

Ist das Leittier nur vorübergehend gesundheitlich eingeschränkt, bleibt seine Position innerhalb der Gruppe unangefochten. Die Tatsache, dass das Tier über Erfahrung und »Alterswissen« verfügt, ist für das Überleben der gesamten Gruppe weitaus mehr von Bedeutung als irgendwelche Rangdemonstrationen beziehungsweise generelle Besitzansprüche. Entgegen einer landläufigen

Behauptung verstoßen Wölfe nicht einmal kranke und alte Individuen aus der Gruppe, selbst wenn diese ehemaligen Leittiere sich während der Paarungszeit nicht mehr durchsetzen können. Meist übernimmt zwar ein jüngeres Tier viele Aufgaben, wie zum Beispiel die Organisation zur gemeinsamen Jagd oder die Revierverteidigung. Aber die Alten werden wegen ihrer Lebenserfahrung weiter respektiert oder zumindest geduldet.

Junge Hunde müssen noch lernen

Vroni ist offenbar ein wenig mehr auf ihren eigenen Vorteil bedacht als Lupo. Das muss man jedoch nicht überbewerten und kommt in den besten Familien vor. Junge Hunde erfahren im Verlauf des gemeinsamen Zusammenlebens noch am eigenen Leib, dass sich Fürsorglichkeit und Rücksichtnahme langfristig auszahlen. Auch unter Wildkaniden verhalten sich die Alten insgesamt wesentlich rücksichtsvoller als jugendliche »Schnösel«, die von morgens bis abends damit beschäftigt zu sein scheinen, ihre Kräfte zu messen. Mit dem Alter kommt dann die Erfahrung. Es ist doch so: Jeder ist einmal verletzt, oder es geht ihm schlecht. Wenn man in dieser »Krise« aber lernt, dass sowohl zweibeinige als auch vierbeinige Familienmitglieder dabei helfen, das momentane Tief zu überwinden, reift die Einsicht. Und das prägt für die Zukunft. ■

Hunde haben ein sehr feines Gespür dafür, wenn ihre Menschen Rücksicht und Ruhe brauchen.

Haben Hunde tatsächlich »heilende« Kräfte?

NINA RUGE: Ich selbst bin fest davon überzeugt, dass Hunde nicht nur das seelische Gleichgewicht, sondern auch das körperliche Befinden positiv beeinflussen. Aber

Menschen, die selbst keinen Hund haben, sind ja oft der Meinung, dass die Vierbeiner vor allem reichlich Arbeit machen und uns ganz schön viel abverlangen: Sie müssen ohne Rücksicht auf Wetter und Termine mehrmals am Tag raus. Sie schleppen Dreck in die Wohnung und haben ständig irgendein Wehwehchen, das teure Tierarztbesuche nötig macht. Man rechnet uns vor, was wir im Jahr allein für die Futterkosten ausgeben oder für Hundespielzeug, schüttelt den Kopf über die vielen, vielen Stunden, die wir in der Hundeschule verbringen und, und, und … »Meine Güte!«, seufzen diese Menschen. »Warum tut ihr euch das an?«

Machen Hunde uns gesünder?

Ich kann auf solche Argumente immer nur erwidern: »Ja, ihr habt recht. Aber die Hunde geben mir eben auch ganz viel zurück.« Und dann erzähle ich gerne von meiner Internistin. Während der letzten 20 Jahre schnellten ihre Augenbrauen beim regelmäßigen Gesundheitscheck immer wieder in die Höhe. Mal arbeitete die Schilddrüse nicht so, wie sie sollte. Mal zwickten die Bandscheiben. Dann wieder war der Puls zu hoch, oder es stimmte etwas nicht mit den Blutwerten. Seit ich die Hunde habe, ist es mit alldem vorbei. Zugegeben, ich bin nicht mehr täglich auf Sendung. Aber ich arbeite immer noch viel. Meine Ärztin ist überzeugt:

Bei jedem Wetter rauszugehen hält
Zwei- und Vierbeiner gleichermaßen fit.

>> *Wenn ich meine Hunde um mich habe, bin ich glücklich. Und wer glücklich ist, fühlt sich einfach besser.* «

Auszeiten zu zweit sorgen für Entspannung und beeinflussen das Wohlbefinden ins Positive.

Das sind die Hunde! Klar, ich bin jetzt viel mehr an der frischen Luft – und das bei jedem Wetter. Doch das Wichtigste: Ich muss so oft lachen, weil einer meiner Hunde wieder Blödsinn macht. Ich fühle mich wohl, wenn Vroni mir hingebungsvoll den Hals leckt oder Lupo mir mit einem feuchten Nasenstupser zu verstehen gibt: »Streichle mich! Bitte!« Mein Tag beginnt jetzt völlig anders: Zuerst wirft sich Lupo auf den Boden, rollt sich erwartungsvoll wie ein Weihnachtsplätzchen im Zuckerguss. Kraulen, Quieken, frohlockendes Schnaufen – und das von beiden Seiten. Dann kommt Vroni.

Wedelwedel, platsch. Auch Bauchkraulen, diesmal von tiefem Grunzen begleitet. Und es geht nicht nur mir so: Wenn mein Mann abends oder nachts mit dem typischen »Es-war-wahnsinnig-viel-los-lasst-mich-bloß-in-Ruhe«-Blick nach Hause kommt, hoppelt Vroni auf ihn zu und Lupo schießt mit Gummiente im Maul und glühendem Blick auf ihn los. Dann höre ich förmlich, wie der Stress des Tages von ihm abplatzt. Tasche weg, Mantel aus, Kopf ausschalten. Ach ja, vor Kurzem habe ich mich wahnsinnig aufgeregt und wurde dabei ziemlich laut. Plötzlich merkte ich, dass Vroni auf meinem

>> *Hunde geben uns Menschen das Gefühl, gebraucht zu werden. Und wem täte es nicht gut, eine so wichtige Aufgabe zu erfüllen?* <<

Fuß saß und ganz friedlich guckte. Lupo lag vor mir. Was für eine ungetrübte Einheit. Ich war für einen klitzekleinen Augenblick einfach nur glücklich. Und das Rumpelstilzchen in mir war verschwunden.

Bilde ich mir das alles nur ein? Oder ist es tatsächlich so, dass Hunde wie ein natürliches Anti-Stress-Programm wirken? Das sie Adrenalin, Puls und Blutdruck senken? Kurzum, dass sie uns helfen, gesund zu bleiben? ∎

GÜNTHER BLOCH: Es ist sogar wissenschaftlich bewiesen, dass Hunde einen starken positiven Einfluss auf unsere Gesundheit haben können. Sie halten uns körperlich und geistig auf Trab und sorgen dafür, dass wir den inneren Schweinehund überwinden. Meine Oma pflegte stets zu sagen: »Egal, wie die Witterungsbedingungen auch sind – der Hund muss raus!« Wer bei Wind und Wetter rausgeht, viel Zeit in der Natur ver-

Ein Leben mit Hunden hält auf Trab. Und der Körper schüttet beim Spielen viel Gute-Laune-Hormone aus.

bringt und sich viel bewegt, stärkt auf gut Deutsch sein Immunsystem. Doch das ist noch längst nicht alles.

Im Taumel der Hormone

Wer beim Spazierengehen ausgiebig mit seinem Hund spielt, dessen Körper schüttet vermehrt Dopamin aus. Schwimmt zu wenig von diesem Botenstoff im Blut, sind wir schlecht gelaunt oder leiden gar unter depressiver Verstimmung. Ein hoher Dopaminspiegel steigert dagegen die gute Laune und die allgemeine Zufriedenheit. Das Hormon gilt daher zu Recht als einer der wichtigsten »Schlüssel« zum emotionalen Wohlbefinden. Wissenschaftliche Forschungen aus Schweden zeigen außerdem, dass, wenn wir einen Hund streicheln, noch ein anderes »Glückshormon« ausgeschüttet wird: Der Oxytocinspiegel im Blut steigt beim Kuscheln bis um das Zehnfache an. Oxytocin, das der Körper unter anderem auch beim Liebesakt produziert, unterstützt nachweislich das Bindungsverhalten – und das ganz offensichtlich nicht nur zwischen zwei Menschen, sondern auch zwischen Mensch und Hund. Interessant ist übrigens, dass diese positive Wirkung auch beim gestreichelten Hund eintritt. Anhand wiederholter Blutproben bei verschiedenen Rassen konnte eindeutig festgestellt werden, dass auch bei unseren Vierbeinern der Oxytocinpegel deutlich steigt, wenn wir gemeinsam kuscheln. Das zeigt doch wieder einmal deutlich, dass Mensch und Hund gleichermaßen von ihrem symbiotischen Verhältnis profitieren. ■

Mit den Jahren wandeln sich auch die Bedürfnisse Ihres Hundes. Die Liebe zu Ihnen bleibt unverändert.

Hunde helfen Menschen

Aufgrund ihrer natürlichen Sozialkompetenz können Hunde Menschen in Krisensituationen helfen, sich besser zu fühlen oder (wieder) besser mit sich selbst klarzukommen. Günther Bloch konnte diese großartige Fähigkeit schon unzählige Male selbst beobachten.

Jeden Tag helfen Hunde Menschen, sich besser zu fühlen, beispielsweise im Altersheim oder in Strafvollzugsanstalten. Was mich bei solchen »Einsätzen« immer wieder fasziniert: Man braucht dazu keine speziell ausgebildeten Therapietiere. Jeder gut sozialisierte Hund kann in die Rolle des »Seelentrösters« schlüpfen. Natürlich sollte man aber zuvor überlegen, welcher Hund zu wem passt. So ist es zum Beispiel wenig ratsam, einen extrovertierten, sehr stürmischen Hundetyp auf die Bewohner eines Altersheims »loszulassen«. Auch wenn der Hund grundsätzlich freundlich ist und gerne Kontakt zu Menschen aufnimmt, wäre er für den Umgang mit den oft gebrechlichen Senioren eher ungeeignet. Ideal wäre dagegen ein eher introvertierter, leicht zurückhaltender Hundetyp, der sich gerne streicheln lässt, aber nicht zu enthusiastisch herumhopst. Die »Therapie-Tauglichkeit« eines Vierbeiners hat nach meiner Überzeugung also viel mehr mit Persönlichkeitseinschätzung zu tun als mit aufwendiger »Therapie-Arbeit«.

DAS VERTRAUEN IN SICH SELBST WIEDERFINDEN

Hunde verfügen generell über eine besondere Gabe: Einfühlungsvermögen. Aufgrund dieser konzentrierten Kompetenz merken selbst solche Menschen, denen bisher kein Vertrauen entgegengebracht wurde und die selbst keinem vertrauen, schnell, dass ihnen Hunde trotzdem mit Empathie begegnen. Hierzu ein aussagekräftiges Beispiel: Vor ein paar Jahren besuchten uns einige Lehrer mit einer ganzen Horde »schwer erziehbarer« Kinder auf unserer Hundefarm »Eifel«. Die 12- bis 14-Jährigen pflegten untereinander einen recht rüden Umgangston und mobbten gezielt die Schwächsten der Gruppe. Ich ging mit ihnen zu einer Hundegruppe,

> *Jeder sozial- und umweltsichere Hund kann durch sein natürliches Mitgefühl Menschen helfen, eigene Schwächen zu überwinden.* «

die wir in unserer Hundepension zusammengestellt hatten. Alle 20 Hunde waren gut sozialisiert, hatten aber keinerlei therapeutische »Ausbildung« genossen. Die Hunde waren einfach nur da. Sie ließen sich von den Kindern streicheln, liebkosen, legten sich schwanzwedelnd neben sie. Schon nach zwei Stunden bemerkten wir, wie sich das Verhalten der Kinder veränderte: Sie nahmen mehr Rücksicht und zeigten den anderen gegenüber mehr Verständnis.

RESPEKT UND RÜCKSICHTNAHME

Ein anfangs recht vorlauter 13-Jähriger fragte damals spontan: »Lieben Hunde eigentlich alle Menschen, egal, was sie auf dem Kerbholz haben?« Ich antwortete: »Ja, grundsätzlich schon. Aber Liebe bekommt man nicht geschenkt. Liebe hat mit Vertrauen zu tun, mit Hingabe, mit gegenseitigem Respekt und Rücksichtnahme. Wer geliebt werden will, muss bereit sein, seinen Egoismus im Zaum zu halten, und etwas von sich selbst geben wollen.« Daraufhin sagte der Junge: »So etwas wie hier mit den Hunden habe ich noch nie erlebt. Ich habe zum ersten Mal das Gefühl, dass es noch etwas anderes gibt als mein eigenes Interesse. Ich will versuchen, in Zukunft offener auf meine Mitschüler zuzugehen und ihnen Vertrauen entgegenzubringen. Das haben mir eure Hunde hier beigebracht.« Der Junge hatte in kürzester Zeit viel über soziales Verhalten gelernt.

HUNDE SIND DIE WAHREN THERAPEUTEN

Der Lehrer konnte die Wandlung seiner Schützlinge kaum fassen. Er beobachtete die Kinder mit einem ungläubigen Gesicht, auf dem sich mehr und mehr ein Lächeln breitmachte. Als die Gruppe Abschied nahm, dankte er mir vielmals. »Ach, Herr Bloch, das war eine tolle therapeutische Arbeit.« Er konnte es kaum fassen, als ich ihm kurz und knapp, aber deutlich zu verstehen gab, dass ich mich niemals als »Therapeut« bezeichnen würde. Ich lasse einfach die Hunde machen. Sie sind die wahren Therapeuten! Denn sie tragen wie ihre wölfischen Ahnen die außerordentliche Fähigkeit des Mitgefühls in sich. Und dieses wertvolle Erbe kommt uns im Umgang mit ihnen zugute.

Hunde merken, wie wir uns fühlen, und reagieren darauf.

Ein tolles
Team

Voraussetzungen für eine gute Beziehung

Was braucht der Hund zum Glück

Wie oft fragen wir uns insgeheim, ob wir unsere Hunde nicht ständig unterfordern. Bällchenwerfen, Frisbeefangen, Stofftiersuchen: Das mag zwar im Moment alles recht unterhaltsam sein. Aber auf Dauer ist es wahrscheinlich doch recht langweilig für unsere schlauen Vierbeiner.

Welche Bedürfnisse haben Hunde?

NINA RUGE: Lange Zeit war ich davon überzeugt, die Bedürfnisse meiner Hunde wie aus dem Effeff zu kennen. Ich ging davon aus, dass ihr Tag mit dem Wunsch nach einer umfangreichen Wachkraul-Schmuse-Einheit begänne. Sich strecken und recken, sich auf den Boden plumpsen lassen und rücklings auf dem Teppich schubbern. Sie streckten mir erst den Bauch hin und verlangten dann nach einer Rückenmassage – mit besonderer Berücksichtigung der unteren Lendenwirbelsäule. Es folgte ein Rundgang durch den Garten oder ein kurzer Ausflug durchs Stadtviertel. Anschließend hatte man Hunger. Im besten Falle wurde sogar noch ihr Bedürfnis, einen Joghurtbecher auszuschlecken, gestillt. So! Im Laufe des Tages habe ich ihrem Bedürfnis nach mindestens einem größeren Ausflug nachgegeben. Abends war Faulenzen angesagt, manchmal auch ein gemeinsamer Ausflug zu Freunden oder ins Restaurant. Und zwischen all diesen Erlebnissen wurde gedöst, geschlafen, geträumt und auf einem Kauknochen herumgekaut. Das Leben war schön!

Was war mit meinen Hunden los?

Doch dann kam Evelyn. Evelyn ist eine ältere Dame aus der Nachbarschaft. Wir hatten überlegt, ob sie nicht ab und zu mit Lupo rausgehen könnte. Und was machte Lupo, als sie das erste Mal zu uns kam? Er rannte nach respektvollem Absitzen erwartungsvoll mit seinem Lieblingsball auf sie zu. Schwanzwedeln, Rehaugen, »Du-wirst-mich-doch-nicht-enttäuschen«-Blick: das komplette Programm. Damit war es um Evelyn geschehen, und zwar nachhaltig. Als Vroni ins Haus kam, bot Evelyn an, auch mal abends auf die Hunde aufzupassen.

>> *Evelyn brachte immer ein neues Spielzeug mit, verteilte Kauknochen oder Leckerli – und jedes Mal, wenn sie kam, war große Party angesagt.* <<

>> *Hunde sind Gewohnheitstiere. Sie lernen im Zusammenleben mit dem Menschen unsere Gewohnheiten und Routineabläufe kennen und richten sich danach.* <<

Lupo und Vroni waren begeistert. Allein wenn »Tante« Evelyn klingelte und in der Tür stand, gab es kein Halten mehr. Unsere beiden Vierbeiner freuten sich ein Loch in den Bauch. Und ich? Ich sah das alles mit großem Wohlgefallen. Schließlich schien es den Hunden ja supergut zu gehen. Irgendwann jedoch schlichen sich nach und nach neue Sitten ein: Wenn ich am Schreibtisch saß, begann Lupo zu nerven. Früher lag er gemütlich auf seiner Decke zu meinen Füßen. Jetzt suchte er ständig nach Spielzeug und bellte, wenn er nichts fand. Gab ich seinen Forderungen nach, wollte er kein Ende mehr finden. Mein übliches »Schluss! Finito!« wurde zwar respektiert, aber schon bald ging die Nerverei von vorne los. Das Schlimmste war: Wenn ich nach einigen Stunden Abwesenheit nach Hause zurückkam, fiel die Begrüßung mehr als mau aus. Kurzes Anschauen, freundliches Anhecheln, abdrehen und weg.

Braucht es so viel Abwechslung?

Ich hatte genug – und fragte Evelyn geradeheraus, was sie bloß mit den Hunden anstellte. Sie antwortete begeistert: »Ich lese ihnen jeden Wunsch von den Augen ab! Wir kuscheln stundenlang, ich spiele ständig – natürlich mit beiden –, wir gehen gemeinsam auf die Hundewiese und haben Spaß mit ihren Spielkameraden …«

»Ja, gibt es denn gar keine Pause im Hundeprogramm?«, fragte ich entsetzt. »Nein, wieso denn? Wenn ich schon da bin, dann geht natürlich die Post ab«, strahlte Evelyn. Da war ich dann doch verunsichert. ICH hatte den Bedürfnisrahmen meiner Hunde gesetzt. Klar, das war ein Kompromiss zwischen meinen eigenen Bedürfnissen und der Hunde-Lust. Lupo und Vroni mussten ihren Rhythmus auf den meinen einstellen, und das schien ihnen auch sehr gut zu bekommen. Doch Evelyn hatte offenbar mit ihrer unendlichen Hundeliebe ein ganz neues Anspruchsdenken bei den beiden geweckt. Pausenloses Entertainment? Gerne! Und wenn das extrem hohe Level nicht befriedigt wird, dann reagieren sie eben mit Frust. Mit viel Überzeugungsarbeit ist es mir zum Glück gelungen, Vroni, Lupo und Evelyn etwas »herunterzuholen«. Das dauerte zwar ein wenig, aber es hat geklappt. Trotzdem bin ich mir seitdem unsicher, welche Bedürfnisse Hunde wirklich haben. Nehme ich mir zu wenig Zeit? Aber ich frage mich natürlich auch, ob man die Tiere durch zu viel Aufmerksamkeit nicht zu verwöhnten »Gören« macht, die kaum noch zufriedenzustellen sind. ■

GÜNTHER BLOCH: Dass man Hunde durch pausenlose Unterhaltung verzieht, ist eigentlich klar. Noch dazu ist Entertainment von morgens bis abends alles andere als kanidentypisch. Stattdessen brauchen Hunde zum seelischen Ausgleich sehr viel Schlaf. Es ist für sie ganz normal, pro Tag mehrere lange Inaktivphasen in Ruhe zu verbringen. Obwohl (oder weil) Wölfe zwangsläufig viel Zeit mit der Nahrungsbeschaffung verbringen müssen, brauchen sie auch genügend Pausen – als Ausgleich. Sie »verpennen« im Schnitt etwa zwei Drittel ihres Lebens. Und Hunde sind da nicht anders. Unsere Verhaltensstudien an verwilderten Haushunden in Italien zeigen, dass auch sie tagtäglich viel öfter inaktiv sind als aktiv. Dies sollte uns in Zeiten des permanenten »Beschäftigungswahns« zu denken geben.

Genug gespielt. Wer ständig herumsaust, braucht auch mal eine Pause.

Auch Ruhephasen sind wichtig

Jeder »moderne« Haushund hat das Recht, mehrmals täglich in angemessenem Rahmen rennen, springen, buddeln, schnüffeln, pinkeln und mit Ersatzbeutestücken herumhantieren zu dürfen. Ist dies der Fall, sind die biologischen Grundbedürfnisse zufriedenstellend abgedeckt. Um körperlich und geistig auch auf sozioemotionaler Ebene ausgelastet zu sein, brauchen Hunde zudem regelmäßige Zuwendung, Streicheleinheiten, freundliche Kontaktaufnahmen und – nicht zu vergessen – Spielangebote in lockerer Atmosphäre. Ideal ist es, sich während der drei bis vier hundetypischen Aktivphasen am Tag intensiv mit dem Tier zu beschäftigen. Die restlichen Stunden sollte der Hund verdösen und verschlafen dürfen.

Zu viel Aufmerksamkeit ist kontraproduktiv. Auch »überversorgte« Menschenkinder, die ständig im Mittelpunkt stehen und denen man alles recht machen will, damit sie bloß »glücklich« bleiben, jammern mit Abstand am häufigsten. In Wirklichkeit sind sie oft frustriert und unzufrieden.

Am vernünftigsten ist es, den Hund in den alltäglichen Routineablauf zu integrieren. Dazu gehört auch, sich ihm gegenüber hier und dort etwas zu distanzieren. Möchte er zum Beispiel ausgerechnet dann Aufmerksamkeit, wenn Sie ein Buch lesen wollen, wäre eine klare Ansage notwendig: »Lass mich jetzt in Ruhe und leg dich auf deinen Platz!« Punkt! ■

Wie gelingt die Balance von Fördern und Fordern?

NINA RUGE: Im vergangenen Sommer habe ich mit Lupo an einem Treibball-Training teilgenommen. Bevor wir loslegten, schaute ich den fortgeschrittenen Hunden und ihren Besitzern zu. Es war einfach toll! Menschen und Hunde waren hoch motiviert, legten sich wahnsinnig ins Zeug und schienen am Ende erschöpft, aber glücklich. Intelligente Hunde bräuchten eine solche Herausforderung, sagte man mir. Sie hätten im Alltag ja sonst nicht viel zu tun – außer Bällchen suchen, fangen und Fährten lesen. Damit traf man bei mir genau den Nerv. Denn mein Lupo ist sicher auch chronisch unterfordert. Das schlechte Gewissen läuft daher immer mit, wenn ich jogge. Der leb-

Es gibt Hunde, die ständig gefordert sein wollen. Wichtig ist aber vor allem geistige Arbeit.

hafte Kerl müsste sich noch ganz anders ausleben können. Aber wie viel kann ich mit ihm machen, ohne ihn zu überfordern?

Wie viel Unterhaltung ist gut?

Zugleich fallen mir die vier großen Hunde eines Nachbarns in der Toskana ein. Ihr Job ist es, Haus und Grundstück zu bewachen. Und das tun sie mit Hingabe. Ohne die Zustimmung ihres Herrchens kommt niemand unfallfrei auf das Gelände. Die vier unkastrierten Rüden trifft man nur im Rudel. Sie spielen miteinander, sind gut gelaunt und liegen ziemlich häufig einfach nur entspannt herum. Die Rangordnung ist klar: Unter den Hunden ist der älteste der Chef; er ist zwar schon ein bisschen gebrechlich, aber immer noch allseits akzeptiert. Doch Oberboss ist eindeutig ihr Herrchen. Von ihm bekommen sie Futter, er zeigt ihnen, was er nicht will: Anspringen, Ärger untereinander, Futterneid. Ansonsten dürfen die vier machen, was sie wollen. Sie kennen weder »Sitz!« noch »Platz!« oder »Bleib!«. Sie kommen zwar, wenn Herrchen sie ruft, aber gelernt haben sie das nie. Und was Leckerli sind, wissen sie auch nicht.

Diese vier Riesen beeindrucken mich: Sie stammen aus verschiedenen Tierheimen der Gegend und hatten mit Sicherheit in ihren frühen Kindertagen kein intaktes soziales

>> *Sicher, Lupo freut sich auch, wenn ich zum tausendsten Mal das Bällchen werfe. Aber unterfordere ich ihn mit diesem einfachen Spiel nicht auch?* «

»Ich finde nicht, dass wir Hunde immer bespielen müssen. Sie können sich auch selbst beschäftigen.«

Umfeld. Ich sehe auch, dass der eine total unsicher und der andere unterschwellig aggressiv ist. Der »alte Herr« schwebt entspannt über allem, und der Vierte im Bunde scheint mit sich und dem Rudel in jeder Hinsicht einverstanden. Das Auffälligste aber ist: Diese Tiere wirken, wenn ich das so bezeichnen darf, glücklich. Jedes hat seine Macke oder – vielleicht besser – eine Persönlichkeit. An keinem wurde herumgemäkelt, herumerzogen, herumkonditioniert. Sie wissen: Das Haus ist tabu, da dürfen wir nicht rein. Aber wir bewachen es. Und unser Herrchen sorgt für uns. Da brauchen wir uns keine Gedanken zu machen. Nicht mehr und nicht weniger. Keine Spielstunden, keine Hundeschule, keine gemeinsamen Spaziergänge. Das Grundstück ist ihr Lebensraum, und sie füllen den locker und ohne Zweibeiner-Entertainment aus. Was ich damit sagen will: Ich frage mich, wie es tatsächlich um das Verhältnis von Fördern und Fordern steht? Wie kriege ich heraus, was der Hundeseele in dieser Hinsicht tatsächlich guttut? Freuen sich die Vierbeiner über meine Erziehungsideale und Unterhaltungsangebote, oder belaste ich sie mit alldem eher? ∎

GÜNTHER BLOCH: Gestern Agility, heute Treibball – die Befriedigung wechselnder Modeströmungen ist eine Sache. Flexibilität und Variabilität in Richtung einer verhaltensbiologisch sinnvollen »maßgeschneiderten« Beschäftigung für das Individuum Hund eine andere. Mir bleibt an dieser Stelle nichts, als eindringlich vor Übermotivation zu warnen. Die kann nämlich ziemlich schnell in reines Suchtverhalten umschlagen – eine Gefahr, die vor allem bei rassespezifisch stark beutetriebveranlagten Hüte- und Jagdhunden besteht. Schauen Sie sich doch nur einmal einen Belgischen Schäferhund oder einen Terrier an, der hoch gestresst und am ganzen Körper zitternd ungeduldig darauf wartet, dass man ihm endlich wieder einen Ball wirft. Permanent übersteigert-konditioniertes Beutefangverhalten schafft Abhängigkeit. Wer würde da noch von Intelligenz sprechen?

»Nasenarbeit« macht Hunden Spaß und sorgt für Abwechslung beim Gassigehen.

Jedem das Seine

Im Grunde ist die Frage nach dem richtigen Fördern und Fordern schnell beantwortet: Sie ist wieder einmal abhängig von Rasse und Persönlichkeit. Ein agiler, extrovertierter Foxterrier beispielsweise sehnt sich nach viel Bewegung und möchte gemeinsam mit seinem Menschen mehrmals täglich richtig was erleben. Ein 80 Kilogramm schwerer, gemütlicher und introvertierter Mastino Napoletano hält jeden sportiv eingestellten Menschen, der sich alle naselang mit ihm beschäftigen will, für leicht bescheuert. Wer glaubt, sämtliche Hunde im Rahmen eines ausufernden »Beschäftigungswahns« über einen Kamm scheren zu müssen, zeigt wenig Sachkenntnis. Und so ist es auch mit dem Treibball-Seminar: Jeder muss selbst wissen, ob er daran teilnehmen möchte. Aber wenn »intelligente Hunde das bräuchten«, hieße das ja im Umkehrschluss, dass alle Vierbeiner, die nicht hinter einem Treibball herlaufen, dumm sind. Schönen Gruß von meinen Hunden Timber und Raissa, die solche Unterstellungen weit von sich weisen.

Den Geist fordern

Timber kommt unter anderem täglich als Wolfsspurenleser zum Einsatz. Dieses spezielle Nasentraining kann man natürlich nicht jedem Haushund bieten. Aber wie wäre es zum Beispiel mit Zielobjektsuche oder Mantrailing, bei der das Tier lernt, einen zuvor konditionierten Gegenstand oder eine bestimmte Zielperson nur mithilfe seines außergewöhnlichen Geruchssinns zu entdecken. Diese Beschäftigungsformen lasten Hunde vor allem »geistig« aus. ■

Brauchen Hunde Kontakt zu Artgenossen?

NINA RUGE: Lupo und Vroni sind von klein auf daran gewöhnt, »Hundefreundschaften« zu pflegen. Dabei ist es für mich immer wieder spannend zu sehen, dass die Vierbeiner offenbar genauso zwischen besten Freunden, guten Freunden, netten Bekanntschaften und totalen Langweilern unterscheiden wie wir selbst. Auch in unserer eigenen »Hundefamilie« war es wunderbar zu beobachten, wie Simba und Vroni den zunächst ziemlich stoffeligen Lupo nach allen Regeln der Kunst erobert haben. Und das, obwohl beide nicht wirklich freundlich von ihm begrüßt wurden. Im Gegenteil! Lupo machte klare Ansagen: »Ich bin der ›Erstgeborene‹, der Wichtigste, der Tollste. Das ist mein Frauchen. Mein Herrchen. Meine Wohnung. Und was willst du hier?« Die Mädels aber blieben immer total entspannt, wenn er sie anpöbelte. Sie suchten sogar körperliche Nähe, legten ihren Kopf auf seine Pfote oder drückten ihren Rücken an seinen. Dann drehen, Bauch zeigen, am Ohr knabbern, Pfote gegen den Bauch stemmen, an den Lefzen zupfen. Und im Handumdrehen balgten sich beide hingebungsvoll auf dem Rasen.

>> *Sosehr sich unsere Hunde anfangs auch gekabbelt haben, heute sind sie meist ein Herz und eine Seele. Nicht immer, aber immer öfter.* <<

Nichts kann das Spiel mit anderen Hunden ersetzen. Denn hierbei findet die »echte« Hundeschule statt.

Was auf den ersten Blick gefährlich scheinen mag, ist ganz normale Kommunikation unter Hunden.

Hilft Spielen beim Lernen?

Ich bin überzeugt, dass diese Spiele immens wichtig für die Entwicklung der sozialen Seite der Hundeseele sind. Die Tiere trainieren auf diese Weise immer wieder ihre Umgangsformen und ihre Ordnungssignale: Wie weit darf ich gehen? Wann wird aus einem wenn auch wilden Spiel Ernst? Und will ich das überhaupt?

Sie üben, Vertrauen zu fassen und Grenzen zu respektieren. Und nicht zuletzt ist in diese herzallerliebsten Balgereien jede Menge Geschicklichkeitstraining eingebaut.

Ich bin mir sicher, dass Menschen niemals so instinktsichere Spielpartner sein könnten. Wir wissen ja nicht einmal, was die einzelnen Knabbereien überhaupt bedeuten. Viele haben sicher einen unbewusst klar definierten Symbolgehalt. Und daher braucht ein Hund andere Hunde, nicht wahr? ■

> *» Mit keinem anderen Lebewesen kann ein Hund so gut spielen wie mit anderen Hunden. Und nur mit ihnen und durch sie lernt er soziales Verhalten. «*

GÜNTHER BLOCH: Auf jeden Fall brauchen Hunde den regelmäßigen Kontakt zu ihren Artgenossen! Wir selbst können sie als Spielpartner nicht einmal ansatzweise ersetzen, dazu sind wir einfach viel zu stark naturentfremdet. Zudem ist das Spielen in einer Hundegruppe enorm wichtig für die Sozialisation. Die Balgereien zwischendurch mögen für uns Außenstehende bisweilen wild und gefährlich anmuten. Doch Körperkontakt und Knabbereien sind völlig normales Kanidenverhalten und dienen dem Tier dazu, herauszufinden, wer wer ist, wer was meint und wer wie momentan sozio-emotional gestimmt ist. Das nennt man im hündischen Verständnis soziales, kommunikatives und in Rituale gekleidetes Lernen. Deshalb lasse ich an dieser Stelle einfach einmal einen meiner Lieblingssätze stehen: »Lassen wir die Hunde in Ruhe!«

Hunde schließen Freundschaft

Dass ein Hund auf einen anderen erst einmal zurückhaltend bis mürrisch reagiert, wie es Lupo getan hat, als Simba und Vroni ins Haus kamen, ist nichts Besonderes. Schließlich will man ja erst einmal wissen, mit wem man es zu tun hat. Und es spricht für die Mädels, dass sie sich von dieser ruppigen Art nicht abschrecken ließen und es auch nicht nötig hatten, jede Provokation zu kommentieren, und so die Basis für das gute Zusammenleben schufen.

Doch auch wenn Hunde sich mögen, zeigen sie mitunter besitzanzeigendes Verhalten und grenzen irgendeine Ressource ab, etwa die Lieblingsdecke. Das ist normal. Der Mensch hat die Pflicht, für klare Regeln zu sorgen. Ich persönlich erlaube keinem Hund, diesbezüglich alles selbst zu entscheiden. Deshalb hat jeder seinen festen Platz, auf den ich ihn bei Bedarf schicken kann, bis er wieder mental ausgeglichen ist. ■

Kein Hund in Sicht? Dann müssen Sie unterwegs als »Spielpartner« herhalten und Ihr Tier beschäftigen.

Schließen Hunde auch echte Freundschaft?

NINA RUGE: Lupo hat schon immer gern mit anderen Hunden gespielt. Richtig innige Freundschaftsbeziehungen scheint er jedoch nur mit Hündinnen zu schließen. Seine drei besten Freundinnen heißen Silva, Delphy, und Aisha. Silva ist eine mütterliche Labradorhündin, Delphy eine spanische Hirtenhündin und Aisha, ein Golden-Retriever-Weibchen. Sie könnte Lupos Großmutter sein und ist noch dazu kastriert. Trotzdem fährt er gerade auf sie am meisten ab. Heute, mit knapp vier Jahren, findet Lupo Toben und Spielen eigentlich doof. Aber mit den drei Damen flippt er regelmäßig aus. Rennen, jagen, herumkugeln, aneinander herumknabbern, beieinanderkuscheln: Lupo geht an alle emotionalen Grenzen und darüber hinaus. Ich habe den Eindruck: Mit Rüden checkt er intuitiv, ob sein Ego seinem körperlichen Potenzial entspricht. Und er korrigiert diese Einschätzung, auch wenn es wehtut. Mit Hündinnen dagegen lebt er seine Emotionen aus, seine Lust auf Bewegung, auf Interaktion, Sport und Spiel. Mit ihnen verbindet ihn so etwas wie echte Freundschaft. Kann es sein, dass Hunde solche tiefen Gefühle nur für das andere Geschlecht empfinden? ■

Gleiche Interessen müssen nicht immer in Streit enden. Unter Freunden teilt man auch gern einmal.

GÜNTHER BLOCH: Der Eindruck täuscht. Jeder Hund lebt seine Emotionen mit weiblichen und männlichen Tieren aus. Hündinnen können Freundschaften mit Hündinnen schließen, Rüden mit Rüden. In vielen Haushalten leben zwei Männchen oder zwei Weibchen in einem kumpelhaften Verhältnis. Einige von ihnen schlafen sogar zusammen in einem Korb, trinken aus einer Wasserschüssel und genießen jede gemeinsame Unternehmung. Gleiches haben wir unter verwilderten Haushunden beobachtet: Zwei ältere Rüden, die wir Vecchione und Daniele nannten, formten sogar eine regelrechte »Rentnerbande«. Die beiden Herren teilten ein gemeinsames Hobby: Schlafen. Und das stets eng umschlungen mit intensivem Körperkontakt. Es schien tatsächlich, diese beiden Freunde würden miteinander durch dick und dünn gehen. Die Motivation für diese innige Freundschaft? Vermutlich ähnliche Interessen und die Sicherheit, sich aufeinander verlassen zu können. Aus der Welt der Wölfe könnte ich ebenfalls stundenlang Geschichten erzählen – von Brüdern, die zusammen abwandern und gegenseitig aufeinander aufpassen, oder von Müttern und Töchtern mit eigenen Welpen, die ihren Nachwuchs zusammen aufziehen.

Die Mischung macht's

Wie bei jeder Gruppenstruktur kommt es auch bei Hundefreundschaften weniger auf Rang oder Geschlecht an als auf die beteiligten Persönlichkeiten. Natürlich muss die gesunde Mischung zwischen Kooperationsbereitschaft und dem Durchsetzen eigener Interessen, von Freundschaft beziehungsweise Partnerschaft und statusbezogenem Handeln sowie von Toleranz und Konkurrenz einigermaßen stimmen. Tut es das nicht, funktioniert das Ganze weder zwischen Rüden und Hündinnen noch unter gleichgeschlechtlichen Hunden.

Übrigens: Wenn Rüden sich in die Wolle kriegen, geht das meistens glimpflich aus. Es sei denn, es geht um ernste Kämpfe und massive Streitigkeiten, um Paarungsrechte. Wenn Weibchen Krieg führen, dann richtig. Und so kenne ich, auch wenn die Konstellation Rüde-Hündin meist unproblematisch ist, viele »Flintenweiber«, die alle Ressourcen des Hausstands kontrollieren und aufdringliche Rüden regelrecht »verprügeln«. ■

Soziales Lernen, Voraussetzung für jede Freundschaft, beginnt im Welpenalter.

> *Verwehren wir unseren Vierbeinern den regelmäßigen Kontakt zu ihren Artgenossen, verkümmert ihre Seele. Sie leiden.* «

Prägt ein Mangel an Hundekontakten den Charakter?

NINA RUGE: Im Sommer haben wir Bekannte in Italien besucht. Ihr Haus liegt sehr abgelegen und wird von einem riesengroßen langhaarigen Schäferhund bewacht, der wie viele klassische Hofhunde kaum Kontakt zu Artgenossen hat. Als wir gerade aus dem Wagen steigen wollten, blickte plötzlich ein zotteliger Riese durch das Autofenster. Lupo, gerade einmal 18 Monate alt, erstarrte vor Schreck. Wir waren sicher, er würde das Auto nie verlassen. Doch die Neugier siegte. Und es startete ein Schauspiel der besonderen Art. Das »Monster« verliebte sich in unseren kleinen Entlebucher Sennenhund. Der Abend wurde großartig. Wir genossen ein wunderbares Essen, während um den Tisch und unter dem Tisch die beiden Hunde tanzten, hüpften und herumwirbelten. Unsere Bekannten waren sprachlos. So hatten sie ihren Wuschel noch nie erlebt. Normalerweise gehörte der unkastrierte Rüde eher zu der unnahbaren, aggressiven Sorte. Aber er hatte ja auch fast nie Kontakt zu Artgenossen gehabt. Und nun schien er glückstrunken, endlich, endlich einmal einen anderen Vierbeiner bei sich zu haben. Kann mangelnder Sozialkontakt den Charakter eines Hundes tatsächlich so sehr bestimmen? ■

GÜNTHER BLOCH: Knapp und bündig: Ja. Diese schöne Geschichte mit ihrem beinahe filmreifen Ende führt den ärgsten Skeptikern eindrucksvoll vor Augen, dass Hunde für ihr Seelenheil andere Hunde brauchen.

Hunde brauchen Hunde

Nur mit ihresgleichen können Hunde so kommunizieren und spielen, wie es ihrer Kanidennatur entspricht. Hunde »unterhalten« sich ja auch auf chemischer (olfaktorischer) Ebene miteinander. Wollte sich der Mensch an solchen Markierritualen beteiligen, sähe das sicherlich alles andere als hundegerecht aus. Außerdem kann der Mensch nicht so spielen, wie Hunde das tun – egal, wie viel er sich mit seinem Vierbeiner beschäftigt und wie sehr er ihn liebt. Denn durch gegenseitigen Körperkontakt, spielerische Rangeleien und Knabbereien mit Artgenossen lernen Hunde, den anderen richtig einzuschätzen. Vereinfacht gesagt werden sie erst durch nuancierte Kommunikation und Spiel zu sozioemotional empfindenden Wesen. Sogar ein aufgrund mangelnder Sozialerfahrung angstaggressives Tier blüht auf, wenn es endlich spielen darf. Dem ist nichts hinzuzufügen. ■

Prägen auch schlechte Erfahrungen das Seelenleben?

NINA RUGE: So wichtig der Kontakt zu Artgenossen auch sein mag: Man hört immer wieder auch von Hunden, die von anderen Hunden aufs Heftigste angefallen werden. Lupo hat im Alter von vier oder fünf Monaten selbst so eine schaurige Erfahrung machen müssen. Wir waren bei Freunden eingeladen, die zwei Schäferhunde haben. Ich schlug vor, dass wir uns auf der Straße vor dem Haus treffen, damit sich die Hunde kennenlernen könnten. Doch anstatt sich freundschaftlich zu beschnuppern, fielen die zwei über Lupo her und packten ihn im Nacken. Es gab ein Mordsgeknurre und Riesengeschrei. Was war nur mit den sonst so netten, freundlichen Hunden los? Und das bei einem Welpen. Es dauerte höchstens zwei Sekunden, da hatte ich ihnen Lupo entrissen und auf den Arm genommen. Das arme Kerlchen war klatschnass. In den ersten Monaten nach diesem Schreckenserlebnis verfiel Lupo jedes Mal in hilfloses Angstbellen, sobald er einen Schäferhund sah. Mit der Zeit gab sich das. Sein Verhalten hat sich sogar ins Gegenteil verkehrt. Naht ein Schäferhund, muss ich ihn ultrakurz anleinen. Sonst besteht die unmittelbare Gefahr eines »Lupo-Harakiri«.

»Hunde, die schlechte Erfahrungen gemacht haben, brauchen ganz besondere Unterstützung.«

>> *Grundsätzlich sollten sich zwei Hunde nie im Territorium des einen kennenlernen. Am besten unternehmen Sie erst einmal einen gemeinsamen Spaziergang.* <<

Spinnt das Kerlchen? Er würde selbst solche Hunde attackieren, die viermal größer und kräftiger sind als er selbst.

Schock, Trauma, Neurose: Ich gehe davon aus, dass Hunde genau wie Menschen von solchen Ausnahmezuständen betroffen sein können. Können »Überfälle« von Artgenossen (oder auch Menschen) die Brutstätte für ein derartiges Verhalten sein? ∎

GÜNTHER BLOCH: Natürlich haben Schreckenserlebnisse in der frühen Junghundzeit einen starken Einfluss auf die nächste Entwicklungsphase, keine Frage. Umso wichtiger ist es, alles zu tun, um genau dies zu vermeiden, indem man unter fachlicher Aufsicht kontrollierte Hundebegegnungen herstellt (etwa in der Welpenspielstunde oder mit gut sozialisierten Tieren aus dem Bekanntenkreis).

Vertrauen wieder aufbauen

Kommt es trotz allem zu einem Vorfall, muss man versuchen, den Welpen gezielt wieder mit umwelt- und sozialsicheren Hunden zusammenzubringen – erst mit introvertierten Hundepersönlichkeiten, später dann auch mit einem (!) eher extrovertierten Hundetyp, zum Schluss mit beiden Charakteren. Auf diese Weise kann man einem Junghund klarmachen, dass das Erlebte ein Ausrutscher war und im Umgang mit fremden Hunden nicht der Norm entspricht. Der erste Schock

wird so durch positive Erfahrungen ersetzt, und der Hund vergisst das Desaster meist rasch wieder. Einigen meiner eigenen Hunde ist im Welpenalter Ähnliches zugestoßen. Trotzdem haben sie sich durch viele positive Begegnungen zu außerordentlich sozialfreundlichen Vierbeinern entwickelt.

Erste Begegnungen

Um Übergriffe bei der ersten Begegnung zweier Hunde zu vermeiden, sollten sie sich immer auf neutralem Boden treffen. Leider ist das Stückchen Straße vor dem Haus des einen Hundes dazu nicht geeignet. Schließlich grenzt es direkt an sein Territorium, und der Betroffene hat gewissermaßen noch immer »Hausrecht«. Die Entfernung zu Haus und Garten sollte mindestens mehrere Hundert Meter betragen.

Ist einer der Hunde noch ein Welpe, müssen Sie außerdem vorher in Erfahrung bringen, wie sich der »alte« Hund generell gegenüber Welpen verhält. Ist er ihnen gegenüber zumindest neutral eingestellt? Oder mag er grundsätzlich keine jungen Hunde? Wenn ein erwachsener Hund keine Welpen mag, hat der Mensch die Pflicht, sich vor seinen Welpen zu stellen, ihn zu beschützen und den Fremdhund mit einem deutlichen »Hau ab!« wegzuschicken. Wieder zu Hause sollte man sofort darauf bestehen, dass sich der »Machohund« auf einen festen Platz legt und dort auch bleibt. ∎

Auch wenn manche Situation besorgniserregend wirkt, können Hunde Konflikte meist allein lösen.

Muss ich mich in Streitereien unter Hunden einmischen?

NINA RUGE: Weil Hunde andere Hunde um sich brauchen, sollte Lupo, als er aus dem Gröbsten raus war, auch einen vierbeinigen Gefährten in der Familie haben. So kam Simba ins Haus. Sie war ein liebes, süßes Hundemädchen. Trotzdem verwandelte sich Lupo in ihrer Nähe regelmäßig in einen aggressiven Derwisch. Denn Simba zwickte ihn ständig in die Fersen und biss ihn in die Schulter. Beides brachte Lupo zur Weißglut. Erst knurrte und schnappte er. Dann fing er an zu bellen – und zwar in meine Richtung. Kurz darauf attackierte er meine Ellbogen. Er war richtig sauer.

Ich bräuchte mich nicht zu wundern, meinte ein Freund, als ich ihm verzweifelt von Lupos Aussetzern erzählte. Ich sei schlicht und einfach meiner Pflicht als Gruppenchefin nicht nachgekommen. Ich hätte nicht zulassen dürfen, dass Simba den armen Lupo dermaßen blöde angeht. Schließlich war sie ein Mädchen und ein Welpe dazu. Lupo hätte zwar eine entsprechende »Beißhemmung«, aber natürlich könne er sich das Zwicken und Zwacken nicht gefallen lassen. Es wäre mein Job, die Fronten zu klären. Vroni habe ich das »Lupo-Spiel« daher von Anfang an verboten. Kein Zwicken, kein Necken außerhalb von Knabber- und Kabbelspielen, wenn es an Lupos Rangordnungsehre geht. Manchmal kann ich immer noch nicht verhindern, dass die »Kleine«

Noch ist Vroni die »Kleine«. Aber mit der Zeit werden sich die Rollen sicher noch einmal ändern.

beim Spaziergang einen Versuch startet. Doch Lupo wehrt sich mit kurzem Schnappen und weiß: Gleich kommt Nina, die setzt dem ein Ende. Rangordnung klar. Rolle klar. Großer Indianerfrieden.

Ändern sich die Rollen?

Ob das allerdings auch auf Dauer so bleiben wird, da bin ich mir nicht so sicher. Denn Vroni ist jetzt schon deutlich größer und schwerer als der drahtige Lupo mit seinen kurzen Beinchen. Und sie ist stark. Bei Zerrspielen verliert er seit Neuestem. Weil Vroni einfach stoisch mit dem Spielzeug im Maul stehen bleibt, während Lupo sich heulend am anderen Ende abarbeitet. Früher hat er sie einfach umgerempelt, wenn sie beim Ballspielen im Weg stand. Heute prallt er quietschend an ihr ab. In letzter Zeit beobachtete ich sogar, dass Vroni Lupo einfach mal vom Fressnapf verdrängte. Und er nahm das schweigend hin. Jetzt füttere ich die beiden zwar getrennt, aber vielleicht war das ja ein Signal. Also, ich gehe mal ganz stark davon aus, dass sich die Rangordnung im Hause Ruge noch ändern wird. Es würde mich nicht wundern, wenn Vroni nach mir auf Platz zwei rückt und Lupo abgeschlagen dahinter zurückbleibt. Ich frage mich nur, ob das nicht ein mächtiger Schlag für seine »Machoseele« wird. ■

» *In Mehrhundehaushalten geben sehr oft die Weibchen den Ton an. Rüden akzeptieren das in der Regel völlig problemlos.* «

GÜNTHER BLOCH: Leider muss ich an dieser Stelle erst einmal widersprechen: Hunde können solche Gängeleien sehr gut unter sich regeln, wenn es ihnen tatsächlich zu viel wird. Lupo dagegen hat durch sein Protestbellen gelernt, dass sein Frauchen situativ Unangenehmes für ihn regelt – was ich für falsch halte. Ich sage ja nicht, dass dies nicht durchaus Früchte tragen kann, indem die Zahl der Streitereien abnimmt. Mit Rangordnung jedoch hat das Ganze nichts zu tun. Unsere Untersuchungsergebnisse belegen nämlich, dass es in der Kanidenwelt keine rangorientierten Auseinandersetzungen zwischen erwachsenen Tieren und »Schnöseln« gibt. Schließlich können sich Welpen und nicht geschlechtsreife Jungkaniden rein fortpflanzungstechnisch gesehen nicht mit Alttieren um irgendwelche Paarungsrechte streiten. Allein dazu jedoch dienen Rangordnungskämpfe mit Ernstbezug im sozialen Bereich.

Stattdessen geht es bei den Auseinandersetzungen zwischen Jung und Alt schlicht um das Einüben und Ritualisieren gruppenüblicher sozialer »Benimmregeln« oder um momentane Streitigkeiten in Bezug auf Ressourcen – so wie bei Lupo und Vroni. Ich kann daher nur jedem Hundehalter raten, in eine soziale Organisation zwischen Alt- und Jungtieren möglichst wenig einzugreifen.

Ausnahmen bestätigen die Regel

Natürlich sieht die Sache anders aus, wenn zwei erwachsene Tiere offensives Kampfverhalten austragen, mit der Absicht, das Gegenüber bewusst verletzen zu wollen. In diesem Fall sollte der Halter körperbetont in den Konflikt eingreifen. Um für den Ernstfall gewappnet zu sein, sollte man sich dies einmal von einem Profi zeigen lassen. Doch von so einem »Beschädigungsbeißen« sind wir bei Lupo-Vroni meilenweit entfernt. Und deshalb muss Vroni die Gelegenheit haben dürfen, Lupo beim Spaziergang in die Hinterbeine zu zwicken. Eine Ausnahme würde ich gelten lassen: Wenn Lupo aus gesundheitlichen Gründen zurückstecken muss, weil er krank oder verletzt ist. Ganz nebenbei bemerkt: Lupos Seelenhaushalt wird Vronis wachsendes Selbstvertrauen keinesfalls durcheinanderbringen.

Angriffe gegen sich nicht dulden

Was die geschilderten Bell- und Beißattacken angeht: Sie gehen weit über jene »verrückten fünf Minuten« hinaus, die auch erwachsene Hunde ab und zu noch zeigen. Achten Sie daher bereits auf die Ansätze – meist lösen ja ähnliche Situationen die Attacken aus –, und reagieren Sie sofort: Gehen Sie ruhig und mit souveräner Körpersprache auf den Hund zu, fixieren Sie ihn kurz, und sagen Sie »Schluss jetzt!« (verbales Signal). Engen Sie anschließend den Hund in seiner Bewegung körperbetont ein, um deutlich zu unterstreichen, dass Sie es auch so meinen, wie Sie es signalisieren. ■

Jeder kann lernen, von seinem Hund als »Chef« anerkannt zu werden

Günther Bloch ist sich sicher: Wie gut das Team Mensch und Hund funktioniert, hängt nicht von »Dominanzverhalten« oder andauernden Statuskämpfen ab. Entscheidend ist allein die Qualität der Sozialbeziehung.

»Chef« ohne Allüren. Günther Bloch setzt im Zusammenleben mit Hunden auf Verständnis.

Lebenspartnern auf Augenhöhe stehen. Leittiere – egal ob männlich oder weiblich – sind auch keine machtbesessenen »Schlägertypen«; innerhalb einer in freier Wildbahn lebenden Wolfsfamilie schon gleich gar nicht.

DAS MÄRCHEN VOM ALPHATIER

Kein Wolfselternpaar, das wir in den letzten 20 Jahren beobachten durften, hat seinen Nachwuchs oberflächlich grob behandelt. Vielmehr gehen wirkliche Rudelführer aufgrund ihrer enormen sozialen Kompetenz in die Tiefe und strahlen natürliche Autorität aus. Echte Leitfiguren haben eine Art überzeugenden Lebensplan parat und verhalten sich wie ein Schweizer Uhrwerk: verlässlich!
Wer seine Schutzbefohlenen erfolgreich leiten will, benötigt neben charismatischem Auftreten und mentaler Willensstärke vor allem gute Nerven. Das bedeutet, Verantwortung zu übernehmen, auch wenn man einmal in eine brenzlige Lebenslage gerät,

Auch wenn bis heute gerne das Gegenteil behauptet wird: Es gibt unter Wölfen keinen »Alpharüden«, der alle Entscheidungen trifft und dem alle Familienmitglieder blindlings hinterherrennen. Unsere Erfahrungen zeigen vielmehr, dass über die Hälfte aller Wolfsfamilien primär von Weibchen geleitet wird, die mit ihren

einen präzisen Handlungsrahmen vorzugeben und dort, wo es notwendig erscheint, unmissverständlich Grenzen zu setzen. Echte Leittiere haben mehr Pflichten als Rechte. Vertrauen ist wichtiger als Rang. Die Attitüde eines repräsentativen wölfischen Leitpaares, das eine enge Bindung unterhält, seine sozialen Regeln und familienkulturellen Gewohnheiten sind auf Ruhe und Langlebigkeit ausgerichtet und nicht darauf, allen anderen Gruppenmitgliedern diktatorisch den eigenen Charakter überzustülpen. Und so zählt es wohl zu den alarmierendsten Zeichen statusbezogener Schwäche, wenn ein Leittier es nötig hat, alle »unterzubuttern«. Seine Gestik und Mimik mag vielleicht situationsbedingt finster oder bedrohlich sein, die meiste Zeit über wirkt das Tier jedoch entspannt. Das gilt insbesondere gegenüber dem nicht geschlechtsreifen Nachwuchs.

LEITTIERE ÜBERNEHMEN VERANTWORTUNG

Ausdauer und Beharrlichkeit zahlen sich aus. Denn man folgt gerne dem, der weiß, was er will. Bis auf ganz wenige, statistisch nicht relevante Ausnahmen verhalten sich Jungwölfe aufgrund ihrer elterlichen Vorbilder sozial ausgeglichen. Das liegt daran, dass die Leittiere auch emotionale Führer sind, die Verantwortung übernehmen und insgesamt einen guten Einfluss auf das Gefühlsleben ihrer Jungen haben. Diese lernen schon früh eine wichtige Lektion: Ewige Streitlust und egoistisch-

besitzanzeigendes Verhalten führen unweigerlich in die soziale Isolation. Und wer mag als gruppenorientiertes Säugetier schon gerne sozial abseits stehen? Kaniden setzen auf Zusammenarbeit. In der Gruppe trägt jeder sein Scherflein dazu bei, damit das Team funktioniert. Individuelle Persönlichkeitsentwicklung wird anerkannt, nicht zerstört. Ressourcen werden geteilt. Qualitativ hochwertige Führung kann dabei durchaus ein Segen sein, weil man als untergeordnetes Gruppenmitglied gut beschützt, versorgt und sozial betreut wird. Manche Individuen sind wegen der vielen Pflichten überhaupt nicht darauf erpicht, Rudelführer zu werden. Unsere Studien zeigen, dass nur die »Kopftypen« aufgrund ihres besonderen Anführertalents eine solch verantwortungsvolle Rolle anstreben.

Soziale Nähe ist wichtig – zum Menschen, aber auch zu Artgenossen.

Hunde müssen spielen dürfen, sonst leiden sie.

VON DEN KANIDEN LERNEN

Zwei Haupteigenschaften kennzeichnen wahre Beziehungspartner: Sie müssen sich kommunikationsbereit zeigen, und sie müssen ansprechbar sein, wenn man sie braucht. Trotzdem hat sich über Jahrzehnte hinweg die Ansicht verbreitet, dass man als Mensch den Haushund »beherrschen« muss, weil man ansonsten wenig Respekt erwarten kann. »Dominanz« scheint das Lieblingswort zu sein, wenn es um die »richtige« Erziehung unserer vierbeinigen Fellnasen geht. Es gibt kaum ein Gespräch unter Hundeleuten, in dem dieser Begriff nicht mehrmals fällt. Dabei würde es uns allen helfen, uns öfter ganz bewusst die Zeit zu nehmen, Tiereltern genau zu beobachten. Denn die Balance zwischen liebevollem Umgang und genau bemessenem Konfliktmanagement ist überaus nachahmenswert.

Doch was machen wir stattdessen? Wir führen endlose Diskussionen darüber, warum man einen mitunter hemmungslosen Hund nicht mehr zurechtweisen darf. Wehe dem, der dafür plädiert, so ein Tier zur Not auch einmal körperbetont in die Schranken zu weisen, indem man es zum Beispiel wegschubst oder zwickt.

Um hier kein Missverständnis aufkommen zu lassen oder gar einen Freibrief für übertriebene Härte und Unbeherrschtheit auszustellen: Es kommt immer auf die Situation an. Ein guter Gruppenführer handelt nicht generell nach oben genanntem Prinzip, sondern situativ, also nur, wenn es die äußeren Umstände nötig machen.

DAS WICHTIGSTE IST NÄHE

Das Augenmerk im Zusammenleben von Mensch und Hund sollte grundsätzlich auf Beziehungsrelevantem liegen, wie zum Beispiel dem regelmäßigen Angebot für soziale Nähe und gemeinsames Spiel, und nicht auf erzieherischen Maßnahmen wie »Sitz!«, »Platz!« und »Aus!«. Eine gute Alternative zu dieser einseitigen und massiv überbewerteten »Unterordnungsform« zeigen uns abermals die Kanideneltern: Wenn soziale, emotionale, kollektive und Lebensraumintelligenz auf klar erkennbares besonnenes Auftreten trifft, wenn sich Altersweisheit, souveräne Zurückhaltung und gelegentliches Grenzensetzen verbinden, dann entsteht ein Bild, das der Idealvorstellung eines »Rudelführers« sehr nahe kommt.

WIE MAN ZUM KLUGEN GRUPPENLEITER AUFSTEIGT

Hunde sind von uns abhängig. Sie brauchen unsere Führung. Menschen, die es im Hinblick auf ihren Hund mit dem Führungsanspruch ernst meinen und Verantwortung übernehmen wollen, sollten Folgendes beherzigen:

• Ein Familienverband (wenn ein Hund dabei ist, wird diese im Fachjargon auch gern soziale Mischgruppe genannt) ist eine Zweckgemeinschaft – anpassungsfähig und von Nutzen für jedes (!) Gruppenmitglied. Jedes Individuum führt eine Art »Kosten-Nutzen-Analyse« durch, wobei die Vorteile des Zusammenlebens die Nachteile überwiegen müssen.

• Eine harmonische Sozialgruppe entsteht durch Interaktionen, also dem Austausch von Signalen respektive Informationen zwischen den Persönlichkeiten. Dabei gilt, wie es der Zoologe Udo Gansloßer so schön ausdrückt: »Einem Gruppenleiter ist es egal, ob jemand folgt. Den einzelnen Gruppenmitgliedern ist es jedoch nicht egal, wenn sich ein Leittier entfernt.«

• Soziale Beziehungen entstehen, weil jeder Häufigkeiten und Intentionen, Eigenschaften und Gestimmtheiten beobachtet. Beziehungspartner sind in der Lage, sich an die individuellen Eigenschaften der Partner zu erinnern. Die »exklusiven« Bindungspartner, so die Ethologin Dr. Dorit Feddersen-Petersen, erkennt man daran, dass sie die Nähe zu einem speziellen Partner aufrechterhalten.

• Auch »Rudelführer« dürfen, wie wir es von Wölfen kennen und schätzen gelernt haben, Schwäche zeigen, ohne gleich ihren hohen Sozialstatus zu verlieren.

Auf den Punkt gebracht bedeutet das: In der Symbiose Mensch-Hund geht es neben dem notwendigen Durchsetzungsvermögen, welches der Gruppenleiter grundsätzlich an den Tag legen muss, auch um ein Geben und Nehmen zum Vorteil beider Beziehungspartner. Wer als Leiter einer sozialen Gruppe seinen Hund sicher durchs Leben führt, eine soziopositive Grundstimmung vermittelt, Führungsansprüche souverän und sorgfältig anmeldet und situativ ohne Wenn und Aber durchsetzt, ist ein exzellenter »Rudelführer«.

Wölfe zeigen uns ganz klar, wie das Leben in der Gruppe gut funktionieren kann.

Hunde richtig verstehen

Hunden fällt es nicht schwer, ihren Menschen zu verstehen. Umgekehrt ist dies nicht immer der Fall. Wie oft ertappen sich Hundehalter bei dem Gedanken, was ihr Tier wohl über sie denken mag? Zum Glück kann jeder lernen, die »Sprache« seines treuen Vierbeiners besser zu deuten.

Wie wissen Hunde, was wir von ihnen wollen?

NINA RUGE: Was geht eigentlich in einem Welpen vor sich, wenn er in sein neues Zuhause kommt? Meine Hunde zumindest wirkten alle drei erst einmal ziemlich desorientiert. Der Mutter entrissen und von ihren Geschwistern getrennt, schienen sie sich zu fragen: Wohin gehöre ich? Auf wen schaue ich? Wer sagt mir ab jetzt, wo es langgeht? Doch schon nach ein, zwei Tagen war die Sache für die Kleinen klar: »Aha, das ist jetzt also meine neue ›Mama‹. Okay, die ist nett, streichelt mich, herzt mich und schenkt mir Aufmerksamkeit. Sie gibt mir einen Klaps, wenn ich ein Kabel zerbeißen will, und sorgt dafür, dass ich was Leckeres

>> *Ich bewundere, wie schnell sich Welpen an neue Bezugspersonen gewöhnen, wenn man sie aus ihrer ursprünglichen Gemeinschaft reißt.* <<

zu Fressen habe.« Ich war jedes Mal aufs Neue fasziniert, wie schnell diese kleinen Hunde »verstanden«, dass sie nun zu meiner Familie gehörten. Wie sie mich beobachteten, weil sie Schutz, Wärme und Nahrung mit mir verbanden.

Was hilft den Welpen?

Mittlerweile weiß ich, dass das Ganze ein wechselseitiger Lernprozess ist. Ich habe erkannt, welche meiner Signale die Welpen sehr schnell verstehen. Wenn sie zum Beispiel zu mir kommen sollten, ging ich in die Knie, nahm Augenkontakt auf, klatschte in die Hände und rief erst dann: »Lupo!«, »Simba!«, »Vroni!«. Eine Hundemutter hat das natürlich nicht nötig. Die Kleinen kommen ja sowieso ständig zum Nuckeln zu ihr. Ich dagegen musste mich erst mal interessant machen. Die drei sollten schließlich verstehen, dass es durchaus Sinn macht, zu kommen, wenn ich mich klein machte, klatschte und eine bestimmte Silbenfolge rief. Und sie verstanden es tatsächlich sehr schnell – auch wenn ich mich deutlich von ihrer echten Mutter unterschied.

Sind Hunde wie Kinder?

Es hat mich jedes Mal wieder unglaublich fasziniert, dass es im Zusammenleben mit Hunden ganz offensichtlich vor allem darum geht, einen gemeinsamen Code festzulegen. Wenn der klar und verständlich vereinbart wird, können Mensch und Hund wunderbar miteinander kommunizieren. Gesten und Körperhaltung sind dabei mindestens genauso wichtig wie Worte.

Ich bin fest davon überzeugt, dass Hunde uns wie kleine Kinder nicht nur zeigen, was sie brauchen und was ihnen fehlt. Sie verstehen wie diese auch zu einem großen Teil sehr genau, was wir von ihnen wollen. Und als wäre das an Leistung noch nicht genug, entwickeln sie sogar äußerst raffinierte Methoden, um uns immer wieder um den kleinen Finger zu wickeln. Stimmt das, oder ist diese These zu gewagt? ■

Hunde wollen gefallen. Sie beobachten daher nicht nur ihre Umwelt, sondern auch ihre Menschen.

GÜNTHER BLOCH: In der Tat kann man Hunde mit kleinen Kindern vergleichen. Sarkastisch würde ich dazu sogar gerne anmerken, dass einige Hundeindividuen sogar eine deutlich höhere Stufe der Sozialintelligenz erreichen als so mancher erwachsene Mensch. Hundeartige sind hoch entwickelte Säugetiere, für die es selbstverständlich ist, auf hohem sozialen Niveau zu interagieren, zu kommunizieren und zu spielen. Diese Fähigkeiten wurden ihnen quasi in die Wiege gelegt, schließlich stammen sie vom Wolf ab. Je mehr wir Menschen uns auf sie einlassen, uns mit ihnen beschäftigen und mit ihnen kommunizieren, desto verlässlicher klappt das gegenseitige soziale Lernen.

»Manchmal kommt es mir vor, als könnten Lupo und Vroni meine Gedanken lesen.«

Hunde lernen von uns

Hunde beobachten uns ganz genau, können unsere Gestik und Mimik bestens einschätzen und ziehen aus den daraus gewonnenen Einsichten ihre Konsequenzen. Im Zuge der Domestikation haben sie eine ganz besondere Fähigkeit entwickelt, uns gerade auf der emotionalen Beziehungsebene um den Finger zu wickeln. Dabei ist nicht jeder Augenaufschlag gleichbedeutend mit einem gefühlsmäßigen Notzustand. Hunde setzen bewusst und zielgerichtet Täuschungssignale ein: Sie reißen zum Beispiel die Augen auf oder spielen die »beleidigte Leberwurst«, um ihre Frauchen und Herrchen dazu zu bringen, schnellstmöglich auf sie einzugehen. Warum auch nicht? Das klappt doch prima! Und zeigt nebenbei gesagt mal wieder aufs Eindrucksvollste, dass Hunde ganz offensichtlich nicht nur ein gutes Gedächtnis, sondern auch die Fähigkeit zur Einsicht haben.

Auf der anderen Seite wollen Hunde ihrem Menschen natürlich auch gefallen. Dazu haben sie im Laufe der Jahrtausende die begnadete Fähigkeit entwickelt, jeden unserer Hinweise zu nutzen und emotional zu bewerten. Assoziatives Lernen ist also keineswegs allein den Zweibeinern vorbehalten. Auch der Hund beherrscht diese Kunst aus dem Effeff. Wenngleich in manchen wissenschaftlichen Kreisen vehement verneint, sprechen namhafte Verhaltensforscher wie Marc Bekoff, Dorit Feddersen oder Paul Paquet Kaniden die Fähigkeit zu, sich gedanklich in den Menschen hineinzuversetzen und sich ein Bild darüber zu machen, was dieser gerade will. Dieser Einschätzung stimme auch ich zu hundert Prozent zu. ∎

Was versteht der Hund tatsächlich?

NINA RUGE: Ich bin zwar überzeugt, dass Hunde verstehen, was wir von ihnen wollen. Allerdings bin ich mir nicht sicher, welche der Signale, die wir ihnen ununterbrochen senden, tatsächlich ankommen? Ich kenne zum Beispiel eine Familie, die mit ihrem Hund spricht wie mit einem Kind. Und zwar ständig. Das klingt dann in etwa so: »Lola, das ist ja großartig! Hast du das Huhn mit Kartoffelbrei gerne gegessen, ja? Soll ich dir das morgen wieder kochen, ja? Oioi, oioi, wie du da wedelst. Ja, da soll die Lola doch morgen wieder Hühnchen bekommen.« Lola ist ein äußerst intelligentes Wesen. Immer wenn Frauchen so flötet und tiriliert, wedelt sie. Weil dabei meistens irgendwas

Hunde verstehen ziemlich gut, wie wir uns fühlen, und sind zur rechten Zeit zur Stelle.

Leckeres für sie rausspringt. Alles andere ignoriert sie. Da man den ganzen Tag auf sie einredet, hört sie überhaupt nicht hin. Selbst beim Spazierengehen reagiert sie weder auf Rufen noch Schimpfen. Warum auch? Weil Frauchen und Herrchen immerzu mit ihr sprechen, weiß Lola jederzeit, wo die beiden stecken. Zu Hause aber, da versucht Lola immer sehr aufmerksam auszusehen. Wenn Frauchen davon erzählt, dass sie jetzt staubsaugen müsse, findet das Lola genauso spannend wie die Bemerkung, dass Herrchen wohl wieder später kommt. Denn aufmerksam gucken, das wird immer mit einem Streichler belohnt und manchmal sogar mit einem Stückchen Käse.

Hören Hunde nur, was sie wollen?

Unsere Bekannte schwärmt davon, dass Lola »alles, alles versteht«. Ich selbst würde es vielleicht etwas zurückhaltender formulieren: Lola weiß einfach, wie sie ihr Frauchen glücklich macht. Ohne ein einziges Wort zu verstehen. Das hat allerdings seinen Preis: Lola gilt als schwer erziehbar. Wenn Frauchen endlich einmal ganz eindeutig etwas von ihr will, dann reagiert sie nicht. Zumindest dauert es entsprechend lang. Trotzdem verstehe ich Lola nur zu gut. Das Dauergebrabbel von einer klaren Ansage zu unterscheiden – wer kann das schon? Damit haben auch so einige große menschliche Persönlichkeiten ihre Schwierigkeiten. Was ich damit sagen will: Weniger ist mehr. Schweigen mit Hund ist schön. Weil Hunde kein Gebrabbel verstehen, sondern nur einzelne, klare Worte. Und bei denen kommt es ganz arg auf den Tonfall an.

» Mit Lupo kann ich heute ganz leise sprechen. Auch wenn ich sauer bin. Nur Vroni muss ich manchmal noch aus ihren Kleinkind-Träumereien reißen. «

Liege ich so falsch mit meiner Idealvorstellung, ganz wenig mit den Hunden zu reden? Und wenn, dann leise und mit kleinen Gesten. Damit, endlich einmal auf unseren Kopf, den Intellekt, die Sprache zu verzichten und stattdessen mit dem Herzen zu sprechen? Diese Stimme versteht mein Hund, wenn er mich kennt. Genauer gesagt: wenn ich mich zu erkennen gegeben habe. ∎

GÜNTHER BLOCH: Ein Hund weiß genau, wenn wir sauer sind. Das kann er riechen und fühlen. Was manche Hunde jedoch nicht gelernt haben, ist, dass es Grenzen gibt. Keine geordnet-strukturierte »Gruppenwelt« ist immer rosarot. Soziale Freundlichkeit ist weder ein Dauerzustand noch ein erstrebenswertes Ziel. Und genau hier liegt das eigentliche Problem im geschilderten Fall: Es fehlt eine klare Struktur. Ich vermute mal, dass der »Gruppenführer« im Umgang mit Lola jegliche emotionale Stabilität vermissen lässt. Alles soll harmonisch verlaufen. Alle sollen immer glücklich sein. Wie schön und unrealistisch zugleich.

Doch immer nett zu sein, anstatt da, wo es angebracht ist, einmal ein deutliches »Nein« auszusprechen, verschlimmert nur alles. Auf diese Weise schafft man aufgrund fehlender Berechenbarkeit mehr Verunsicherung und Stress für den Hund. Und gerade den sollten wir doch möglichst auf ein erträgliches Maß reduzieren.

Das alles bedeutet nicht, dass wir nicht authentisch bleiben sollten. Wer gerne redet, kann dies ruhig weiterhin tun; das ist ja zunächst nichts Schlimmes. Genauso wenig macht es aus einem extrovertierten Hunde-Grundcharakter einen introvertierten Typ – umgekehrt gilt wohlgemerkt Gleiches. Mein Fazit lautet daher: Reden, ja. Sich als Mensch emotional in eine Beziehung auch verbal zum Hund einbringen, ja. Sinnlose Dauerbeschallung, nein.

Man darf auch mal laut werden

Und noch eins: Aus Sorge um den Hund darf es in bestimmten Lebenslagen auch einmal laut werden. Ich jedenfalls brülle, so laut wie ich kann, »Stopp! Halt!« in Richtung meiner Hunde, wenn sie sich unbedarft einer verkehrsreichen Straße nähern. Ich weiß, dass »Hundeflüsterei« in ist. Überzeugt bin ich davon trotzdem nicht. Und meine eigenen Hunde zeigen mir seit Jahrzehnten, dass ich damit nicht falschliege: Sie haben keinerlei Problem damit, wenn ich aus gutem Grund gelegentlich meine Stimme erhebe und lauter werde, weil sie den Unterschied gelernt haben zwischen ständigem Herumkommandieren, was sinnlos und falsch ist, und präzisem, auf den Punkt gebrachtem Stimme-Erheben. ∎

So könnte das Gassigehen ruhig immer sein: spannende Umgebung und vor allem keine Hektik.

Warum sind Hunde manchmal nur so störrisch?

NINA RUGE: Im Grunde sind Lupo und ich ein eingespieltes Team. Er weiß, was er darf und was nicht. Ich weiß, was ihm gefällt und was nicht. Trotzdem kommt es immer wieder zu »Meinungsverschiedenheiten«. Wenn wir zum Beispiel morgens unseren ersten Spaziergang machen, führt der meistens an meinem Postfach vorbei. Wir müssen etliche Straßen überqueren, und das heißt, konsequent an der Leine zu gehen. Seit ein paar Monaten ist auch Klein Vroni dabei. Während sie gemütlich durch die Gegend trabt und sich von allem, was irgendwie riecht, verführen lässt, zerrt Lupo nach vorne. Mein Gott, wie das nervt! Ich weiß genau, was er will: auf eine der Spielwiesen in der Gegend. Schnüffeln, Spielen, Rennen. Das geht jetzt aber nicht. Keine

Zeit, mein Lieber. Er zerrt wie blöd. Ich bleibe, wie ich es in der Hundeschule gelernt habe, wie angewurzelt stehen. Drehe mich um, gehe in eine andere Richtung, und steure erst, wenn die Leine locker ist, wieder das Postamt an. Nützt das nichts, erinnere ich mich an Hundeschullektion zwei: Wenn der Hund extrem dickschädelig zerrt, zerre ich zurück. Mit einem nüchternen »Und … hopp!«, das er zur Genüge kennt. Weil Lupo ein Brustgeschirr trägt, funktioniert das gut. Er trottet zwar missmutig mit mir, aber immerhin trottet er in Richtung Postamt. Spaß macht das keinem von uns. Trotzdem ist es immer wieder dasselbe Spiel: Je eiliger ich es habe, desto heftiger hängt er sich ins Geschirr. Warum kann er den kurzen Abstecher nicht einfach freudig genießen? Nix da.

Spüren Hunde, wie viel Zeit wir gerade für Sie haben?

Wenn wir nachmittags oder am frühen Abend Zeit für einen ausgiebigen Spaziergang haben, ist Lupo wie ausgewechselt. Gut, er sprintet auch dann gerne mal im fünften Gang los, sobald wir aus der Haustür kommen. Aber er lässt sich ohne Probleme auf Jogginggeschwindigkeit herunterbremsen. Und wenn wir zurückkommen, ist er ein Vorzeigehund vom Feinsten. Läuft problemlos bei Fuß, reagiert auf die leisesten Befehle, schaut ständig, wo ich bin. Kann es sein, dass ein Hund genau spürt, wie viel Zeit man gerade für ihn hat? Oder wie erklären sich die zwei »Ausgeh-Seelen« in Lupos breiter Brust? ∎

Je entspannter die Situation beim Spazierengehen ist, desto ausgeglichener sind die Hunde.

GÜNTHER BLOCH: Diese Probleme kennen sicher viele Hundehalter: Bin ich in Eile, ist es mein Hund auch. Bin ich genervt, nervt er auch. Dabei spielt zum einen natürlich die Stimmungsübertragung eine Rolle. Oft ist so ein morgendlicher Spießrutenlauf aber auch eine rein konditionierte Verhaltensabfolge. Und nicht zuletzt zeigt sich deutlich die gegensätzliche Erwartungshaltung seitens Mensch und Hund.

Hunde riechen Stress

Wenn wir morgens schon hektisch und gestresst aufbrechen, dünsten wir als Porenatmer gewisse Gerüche aus. Wir selbst bekommen davon in der Regel gar nichts mit. Doch für ein »Nasentier« wie den Hund beinhalten diese Ausdünstungen präzise Informationen in Bezug auf die situative Stimmungslage. Es ist ja nicht so, dass der Hund uns bewusst ärgern will. Er ist vielmehr aufgrund der olfaktorischen Signale schon total erregt, angespannt oder regelrecht nervös, wenn er das Haus verlässt. Keine Spur von ausgeglichener Gestimmtheit, die Grundvoraussetzung dafür wäre, entspannt in Richtung Post zu marschieren.

Eine entspannte Lage schaffen

Dass die empfohlenen »Hundeschulregeln« nicht richtig funktionieren, wundert mich übrigens nicht. Meiner Meinung nach gibt es keine pauschalen Richtlinien zur Leinenführigkeit, die auf alle Hunde dieser Welt passen würden. Einen extrovertierten, willensstarken Hund wie Lupo, der emotional

Zwei begeisterte Hundehalter, die gemeinsam die Seele des Hundes »erforschen«.

schnell aufgewühlt reagiert, sollte man vor dem Losgehen ganz gezielt »herunterfahren«. Konkret bedeutet dies, dass das Tier vor dem Ausführen noch im Haus so lange in einer Platzposition verharren muss, bis es keinerlei Anspannung mehr zeigt; erst dann ist es mental ausgeglichen. Und erst dann befindet man sich auch selbst in einer ausgeglichenen Stimmungslage: Jetzt kann der eigentliche Spaziergang in Angriff genommen werden. Sicher, bis dieser Moment erreicht ist, können durchaus einige Minuten vergehen. Aber so viel Zeit muss sein. Mein Timber ist auch so ein extrovertierter Typ, eben ein echter Spring-ins-Feld. Umso wichtiger ist es für ihn, dass ich die notwendige Ruhe und Ausgeglichenheit vermittle. Dabei hilft mir die genannte Übung. Wir dürfen einfach nicht vergessen, dass derjenige, der seinen Führungsanspruch durchsetzen will, mit gutem Beispiel vorangehen muss. Meistens sind wir »Leittiere« ohnehin häufiger gestresst als unsere Hunde. Schließlich haben wir als Gruppenleiter unter anderem auch die manchmal nervige Verpflichtung, Gefahren zu erkennen und gegebenenfalls abzuwehren. Nur wenn wir diese Aufgabe erfüllen, stuft uns der Hund als vertrauensvoll und verlässlich ein. Bei Wölfen ist das nicht anders. Insofern stehen zum Beispiel Wolfseltern eher »unter Strom« als andere Familienmitglieder. Im Unterschied zu uns Menschen bedienen sich Wolfseltern jedoch eines weit schweifenden Blicks und sind so frühzeitig genau darüber im Bilde, was um sie herum so alles passiert. Selten überrascht sie etwas unvorbereitet. Und das reduziert wiederum den Stress.

Alles im Blick: Ihr Hund erkennt rasch die Stimmung und reagiert entsprechend.

Vorauschauend handeln

Ich bin der Ansicht, dass die beste »Erziehung« gleichbedeutend ist mit der Fähigkeit, präventiv zu handeln. Auf diese Art und Weise steckt man Hunde, die ja unbestritten ein gewisses Anlehnungsbedürfnis haben, positiv an und vermittelt ihnen ein souveränes Auftreten. Eigentlich beschreiben Sie ja selbst, liebe Nina Ruge, dass bei Ihren Nachmittagsstreifzügen durchs Revier alles prima klappt. Und warum? Weil Sie sich die nötige Zeit nehmen, entspannt bleiben, gemeinsame Erkundungen unternehmen, Spaß haben und unverkrampft als »Leitweibchen« agieren. So sollte es sein. ■

Wie kann ich mich besser durchsetzen?

NINA RUGE: Neidvoll beobachtete ich vor Kurzem einen jungen Mann, der mit zwei Hunden an mir vorbeispazierte. Einer rechts, einer links, beide locker angeleint – im Gleichschritt Marsch. Meine beiden finden bis heute jede Pinkelpfütze und jeden noch so drögen Vierbeiner spannender als mich, wenn wir durch unser Viertel laufen. Was am besten dagegen hilft, ist Action. Ich schnalze und hüpfe – und schon geht's los. Wir traben gemeinsam. Große Freude, die Leine hängt, ich darf entspannen. Bei Vroni klappt es auch, wenn ich ein Leckerli in der Hand halte. Und bei Lupo hilft ein Ball. Mit locker über den Handgelenken baumelnden Leinen »lotse« ich meine Hunde

»Hört gut zu!« Hunde brauchen klare Ansagen, um zu verstehen, was wir von ihnen wollen.

so durch die Straßen. Beide traben federnd an meiner Seite, die Augen fest auf die Objekte der Begierde gerichtet. Mein Gott, bin ich spannend.

Wie wichtig sind klare Ansagen?

Okay, Motivation ist viel, aber nicht alles. Es haben sich auch andere, ungemütlichere Methoden bewährt. Wenn wir in Richtung Hundewiese steuern und Vroni in ungezügelter Vorfreude vorwärtsstürzt, dann stelle ich ihr ein Bein. Genauer gesagt, laufe ich breitbeinig wie ein Seemann bei Orkan. Vroni stolpert, zögert, guckt. »Oh, sollte ich vielleicht im Tempo meines Frauchens gehen?« Wenn Lupo unvermittelt in Richtung eines Buschs abdreht, weil dort irgendein unfassbarer Duft aufsteigt, hört er als Erstes: »UUUUUND!« Wenn das noch nicht genügt, folgt ein »HOPP!«, und er wird samt Brustgeschirr nachdrücklich bei Fuß gezogen. Ehrlich gesagt staune ich jedes Mal aufs Neue. Die zwei nehmen meine Entschlossenheit, sie auf Kurs zu kriegen, wahr – und akzeptieren sie auch. Vroni und Lupo erwarten offensichtlich klare Ansagen. Ganz entspannt, ohne Emotion. Ist es tatsächlich so, dass ich Boss, Entertainer, Mama, Schiedsrichter sein muss, damit sich das Hundegemüt beruhigt und auch an der Leine geregelte »Ordnung« herrscht? ■

>> *Wenn ich nicht streng bin, finden die Hunde das natürlich erst einmal cool. Aber sie scheinen genauso zufrieden, wenn ich ihnen sage, wo's langgeht.* <<

Wenn sich Mensch und Hund auf der gleichen Ebene begegnen, kann echte Partnerschaft entstehen.

GÜNTHER BLOCH: Hundebesitzer müssen sich ja heutzutage allen Ernstes immer wieder anhören, sie sollten im erzieherischen Umgang mit dem Hund lernen, ihre Emotionen »auszuschalten«. Ich persönlich halte diese These für völlig abstrus. Sie stützt sich im Wesentlichen auf die Behauptung, »echte« Rudelführer würden stets souverän auftreten. Doch Kaniden lehren uns eine differenziertere Sicht der Dinge. Vielleicht trägt ja nachfolgende Bemerkung zur allgemeinen Beruhigung bei: Ich habe in über 20 Jahren Kanidenforschung weder bei Wölfen noch bei Hunden auch nur ein einziges Leittier

kennengelernt, das sich ständig völlig abgeklärt verhalten hat. Gelassenheit und souveränes Auftreten ist kein Dauerzustand! Genauso wenig zweifelt der Rest der Gruppe am Führungsanspruch des Leittiers, wenn dieses mal schlecht drauf ist oder nicht so handelt, wie man es vielleicht erwartet. Zwischen Wunschdenken und Realität klafft eben immer eine gewisse Lücke. Wir Menschen können (und sollten) uns daher nur bemühen, mental möglichst ausgeglichen aufzutreten und auch in Stresssituationen Ruhe zu bewahren. Mehr ist nun einmal einfach nicht drin.

> *Jeder Hund kann lernen, gut an der Leine zu gehen. In vielen Fällen scheitern die Bemühungen jedoch an dem inkonsequenten Verhalten der Menschen.* «

Alles hat seine Zeit: Gemeinsames Spielen ist ebenso wichtig wie das Üben an der Leine.

Zur besseren Leinenführigkeit: Zunächst einmal muss kein Hundehalter anderer Leute Hunde bewundern, die im Gegensatz zum eigenen Vierbeiner scheinbar mühelos und locker an der Leine gehen. Vielleicht handelt es sich ja rein zufällig um ohnehin in sich gekehrte Persönlichkeitstypen. Mit denen funktioniert das Einüben der Leinenführigkeit nämlich fast von selbst.

Zum Glück lässt sich diese wundersame Errungenschaft durch gezielte Verhaltenskontrolle auch bei anderen Temperamenten recht einfach bewerkstelligen. Ich würde dazu eine Kombination aus positiver Ver-

stärkung – sprich das gezielte Einüben des blochschen Geheimkommandos: »Guck mal, hier« – und geschickter Bewegungseinengung des Hundes raten, also kurzes Bedrängen mit deutlichem Fixierblick. Achten Sie dabei ganz genau auch auf Ihre eigene Körpersprache: Machen Sie sich groß, und laufen Sie mit locker-federndem Schritt, damit Ihr Hund es Ihnen nachtut.

Nicht zum Spiel auffordern

Wenn Sie dagegen zu Hüpfen beginnen oder den Hund durch Hilfsmittel wie Bälle oder Leckerli »bestechen«, fordern Sie ihn eher zum Spielen auf oder erregen ihn auf andere Art. Zudem bringen Sie den Hund unbeabsichtigt in eine Art mentale Unausgeglichenheit, die es zu vermeiden gilt: Wenn Sie zur Post gehen oder sonst etwas erledigen wollen, sollten Sie aber keine allgemeine Hektik oder womöglich Spiellaune verbreiten, sondern sich relativ zügig von A nach B bewegen. Spielzeit ist Spielzeit und Zur-Post-Gehen ist Zur-Post-Gehen. Dies gilt es für den Hund deutlich zu trennen. Dann gibt es keine Missverständnisse. ■

Wie viel eigenen Willen darf ein Hund denn haben?

NINA RUGE: Ich bin immer wieder begeistert darüber, wie gut mich meine Hunde verstehen. Wenn ich Lupo zum Beispiel bitte, liegen zu bleiben, während ich kurz in die Küche gehe, sage ich einfach »Stopp!«, und schon weiß er, was ich will. Er bleibt brav sitzen, während ich »verschwinde«. Ich muss gestehen: Wenn es länger dauert, siegt die Neugier, und Lupo kommt angedackelt, um zu sehen, was ich mache. Ich bringe ihn dann wieder zu seinem Platz, den er nicht verlassen sollte, deute darauf und sage erneut »Stopp!«. Worauf er sich gelangweilt hinsetzt und mich anschaut. Ich bin mir ganz sicher, was er in so einem Moment denkt: »Okay, okay. Ich weiß ja. Ich wollte es ja nur mal probieren.«

Müssen Hunde immer folgen?

So schön das auch klingt, sind dem wunderbaren gegenseitigen Verständnis doch Grenzen gesetzt. Wenn Lupo und Vroni etwas Tolles im Gestrüpp erschnüffeln, kann ich hopsen wie ein Hampelmann, klatschen und rufen – nichts passiert. So spannend bin ich nun auch wieder nicht, als dass ich da mithalten könnte. Vielleicht müsste ich das Abrufen noch besser üben, aber das ist mir bislang nicht gelungen – und ich habe es offen gestanden auch nicht versucht. Stattdessen akzeptiere ich in solchen Situationen ihre Grenzen, auch ihren Unwillen. Und lasse die beiden für einen Moment in ihrer Welt. Ist das so verkehrt? ∎

GÜNTHER BLOCH: Für Kaniden ist die Verlockung, irgendwo im vertrauten Gestrüpp zu verschwinden, naturgemäß hoch. Sie entwickeln schließlich nicht nur ein gutes Ortsgedächtnis, sondern erfahren auch eine Nahrungsprägung, weil sie sich an spezielle Beuteduftstoffe erinnern.

Was also das Problem der Abrufbarkeit beim Stöbern in freier Natur angeht, bin ich der Meinung: Solange sich keine Verallgemeinerungstendenzen einschleichen, zum Beispiel indem sich der Hund immer weiter beziehungsweise mehr oder weniger überall selbstständig macht, sehe ich kein Drama darin. Hunde brauchen ein gewisses Maß an Eigenständigkeit. Das Ganze muss sich nur im Rahmen halten.

Wir sollten die Kontrolle behalten

Als verantwortlicher Gruppenleiter sollte der Mensch jedoch dazu in der Lage sein, seinen Hund dann zu kontrollieren, wenn er es für sinnvoll und angebracht hält. Das bedeutet nicht, dass wir zwanghaft ständig Kontrolle über den Hund ausüben müssen. Im Gegenteil: Damit würden wir eigentlich nur demonstrieren, dass wir unsicher sind. Insofern bekomme ich ein wenig Bauchschmerzen, wenn Hunde selbst dann nicht reagieren, wenn wir wie ein »Hampelmann« vor ihnen auf und ab hüpfen. Und frage mich sogleich: Haben wir »Leittiere« so etwas nötig? Nein! Wenn wir wollen, dass der Hund zuverlässig zurückkommt, müssen wir das mit einer langen Leine so lange einüben, bis es klappt. Außerdem ist es grundsätzlich empfehlenswert, beim Rufen in die Hocke zu gehen. ∎

Ein Hund muss immer auch noch Hund sein dürfen

Günther Bloch kennt die Missverständnisse, die in der modernen Mensch-Hund-Beziehung häufig auftreten. Und er weiß, wie man sie vermeiden kann. Dazu gehört auch, dass der Hund »hündisch« bleiben darf.

Hunde lieben es zu toben und finden es herrlich, wenn der Mensch auch mal mitmacht.

Doch bei so viel falscher Tierliebe können sich Hunde emotional einfach nur miserabel fühlen. Dabei sind diese liebenswerten Geschöpfe hochkomplexe Lebewesen, die es nicht verdient haben, nur so zu funktionieren, wie der Mensch sich das vorstellt. Der amerikanische Ethologe Marc Bekoff forderte schon vor Jahren, dass die Zeit reif sei für eine tiefsinnige und nachdenkliche Verhaltensforschung, damit der Mensch endlich versteht, welche moralische und ethische Verpflichtung er dem Hund gegenüber hat.

DEM MENSCH MANGELT ES AN NATURBEWUSSTSEIN

Es lässt sich leider nicht leugnen, dass sich der »moderne« Mensch mehr und mehr von der Natur entfremdet. Viele von uns können heute zwar ganz genau die neuesten Computerspiele erklären, haben aber enorme Schwierigkeiten, eine Tanne von einer Fichte zu unterscheiden oder den Vogel zu bestimmen, der tagtäg-

Es ist kein Geheimnis, dass der Hund in manchen Kreisen mehr und mehr zum unverstandenen Wesen mutiert. Übertriebene Vermenschlichung, die ihre Wurzeln auch in der gefühlsmäßigen Ähnlichkeit zwischen Mensch und Hund haben mag, führt zu zahlreichen Missverständnissen.

lich im Baum vor dem Fenster zwitschert. Doch wenn das Wissen über und das Gespür für die Natur fehlt, wie will man da arttypisches Hundeverhalten entschlüsseln? Dabei müssen Hunde mit Artgenossen herumtoben, sich viel im Freien aufhalten, Interessantes beschnüffeln, springen, rennen und die Umwelt erkunden dürfen. Ein Hund, dem man diese biologischen Selbstverständlichkeiten täglich gestattet, liegt abends friedlich auf seinem Platz und schläft den Schlaf der Gerechten. Meiner Erfahrung nach fällt ein Hund, dessen Besitzer viel in der freien Natur unterwegs ist, diese respektiert und dabei noch auf Mitmenschen und Öffentlichkeit Rücksicht nimmt, in den seltensten Fällen unangenehm auf. Unsere eigenen Hunde brauchen für ihre Ausgeglichenheit weder einen Sportverein noch ständige Beschäftigungsprogramme. Wir unternehmen mit ihnen mehrmals täglich ausgedehnte Spaziergänge (nicht nur »Pinkelrunden«), treffen Menschen und andere Hunde – und siehe da: Abends herrscht Ruhe.

HUNDE KOMMUNIZIEREN ANDERS

Immer wieder liest, hört oder sieht man Berichte über »Problemhunde«, die eher zu allgemeiner Verunsicherung als zur sachlichen Aufklärung beitragen. Der »Haushund«, den es aufgrund der Rassenvielfalt überhaupt nicht gibt, soll sich der Norm entsprechend verhalten und immer nett und freundlich sein. Tut er das nicht, muss er zur Verhaltensprüfung. Dabei

vergessen viele Menschen allzu schnell, dass sämtliche aggressiv untermalten Lautäußerungen eines Hundes aus verhaltensbiologischer Sicht ein ganz normaler Bestandteil seines Sozialverhaltens sind. Damit es zwischen Mensch und Hund möglichst nicht zu Schwierigkeiten kommt, muss sich jeder Mensch näher mit den artspezifischen Kommunikationsausdrücken von Hunden beschäftigen. Er muss also, wenn man es so will, erst einmal »Hündisch« lernen. Zumindest jeder Hundehalter sollte mit den Grundregeln der aggressiven hundlichen Kommunikation vertraut sein und sie als das einstufen, was sie ist: normal! Die Ethologin Dorit Feddersen-Petersen hat das wunderbar auf den Punkt gebracht: »Ein Hund, der knurrt, ist nicht aggressiv. Er kommuniziert.« Doch ganz offensichtlich haben

Die Sprache der Hunde ist vielfältiger, als viele von uns meinen. Das kann zu Missverständnissen führen.

hündische Unmutsbekundungen keinen Platz mehr in unserer Gesellschaft. Hinzuzufügen wäre noch: Viele Hunde, die zum Beispiel beim »Wesenstest« festgebunden werden und daher keine Möglichkeit zur Flucht haben, verteidigen sich, um ihre körperliche Unversehrtheit aufrechtzuerhalten. Das bedeutet noch lange nicht, dass sie verhaltensgestört sind oder eine generelle Gefahr für die Allgemeinheit darstellen. Im Gegenteil: Hunde, die, wie es ihrer Art entspricht, gelegentlich aggressiv kommunizieren, kann man erheblich besser einschätzen.

HUNDE SIND KEINE HILFLOSEN WESEN

Allzu oft werden Hunde wie kleine Kinder behandelt. Man meint es zwar gut, handelt aber trotzdem falsch, weil emo-

Die meisten Vierbeiner wissen sehr gut, wie sie etwas erreichen können.

tional unkontrolliert. Hunde sind weder völlig hilflos, noch bedürfen sie permanent der Hilfe des Menschen. Sie haben das Recht, Erfolgs- und Misserfolgserlebnisse selbstständig verarbeiten zu lernen. Wir Menschen neigen vor lauter Sorge um den vierbeinigen Hausgenossen häufig dazu, seine Hilflosigkeit geradewegs zu fördern und ihn zu ewiger Abhängigkeit zu erziehen. So mancher Hund wird wissentlich oder unwissentlich an die »emotionale Kette« gelegt, vor allem dann, wenn das Fürsorgeverhalten bizarre Formen annimmt. Hunden, die ihrem Sozialpartner selbst im Haus auf Schritt und Tritt hinterherlaufen und nicht zur Ruhe kommen, sind emotional alles andere als stabil. Leider wird ein solches Verhalten fälschlicherweise als besonders enge Bindungsbereitschaft fehlinterpretiert. In Wirklichkeit handelt es sich um völlige Hilflosigkeit.

AUTORITÄT IST NICHT GLEICH GEWALT

In der modernen Hundehaltung ist das Grenzensetzen ebenso verpönt wie in der Kindererziehung. Stattdessen ist eine Art »Kuschelpädagogik« angesagt, die Konflikten lieber aus dem Weg geht, als sich ihrer anzunehmen. Das Ergebnis: Wer seinem Hund heute etwas klar und deutlich verbietet oder sich gar wagt, das Wort »Abbruchsignal« in den Mund zu nehmen, wird schnell als Ewiggestriger abgestempelt. Schließlich soll in der Beziehung zwischen Mensch und Hund alles leise und harmonisch ablaufen. Dementsprechend gelten die Regeln der positiven Verstärkung bei der Erziehung als A und O. Alles andere ist rohe Gewalt. Basta! Das Zauberwort heißt »ignorieren«. Und viele meinen, dass unerwünschte Verhaltensweisen sich ganz von alleine erledigen, wenn man sie nur lange genug nicht zur Kenntnis nimmt. Wer berechtigte Zweifel an dieser Theorie anmeldet und es nicht schafft, sich entsprechend zu verhalten, der bekommt schnell einen Stempel mit der Aufschrift »pädagogisch unfähig« verpasst.

Hunde verstehen nicht, wenn sie zur Strafe ignoriert und isoliert werden.

KONFLIKTE SOFORT AUSTRAGEN

Wenn die Regeln der ausnahmslos angewandten positiven Verstärkung nicht greifen, wissen viele Menschen nicht, wie sie die Situation wieder in den Griff bekommen sollen. Doch gerade aufgrund so eines unklaren Beziehungsverhältnisses nimmt die »Seele« des Hundes Schaden. Ohne klare Struktur fehlt dem Hund jene Berechenbarkeit, die er braucht, um sich in einer sozialen Mischgruppe zurechtzufinden und wohlzufühlen. Stattdessen macht sich Orientierungslosigkeit breit, was unweigerlich zu weiteren Missverständnissen führt und zukünftigen Problemen Tür und Tor öffnet. Abgesehen davon ist das dauerhafte Ignorieren aus verhaltensbiologischer Sicht nur eine andere, schön verpackte Form der Gewalt. Kaniden selbst ignorieren sich untereinander niemals über einen längeren Zeitraum, weil dies einer sozialen Isolation gleichkäme. In der Kanidengesellschaft wird sofort und unmissverständlich geregelt, wenn es situationsbedingt etwas zu klären gibt. Kaniden haben nicht ohne Grund über Jahrtausende hinweg ein feines, diffiziles System des Konfliktmanagements entwickelt, das weder Vertrauen noch Bindung zerstört. Unsere Freilanduntersuchungen an Wölfen und verwilderten Hunden konnten dies sogar wissenschaftlich nachweisen: Nach einem Konflikt signalisieren ranghohe Tiere aktive Versöhnungsbereitschaft, und so geht die Beziehung nach einer kurzen Auseinandersetzung genau dort weiter, wo sie vorher aus nachvollziehbaren Gründen für kurze Zeit unterbrochen wurde. Kaniden sind nicht nachtragend. Und genau das sollten wir von unseren Hunden lernen.

Gemeinsam
durch dick und dünn

Was Hunde stark macht

Von Anfang an einzigartig

Jeder Hund bringt bei seiner Geburt ein gewisses Maß an Charakterzügen mit. Und tatsächlich wird sein Wesen zu einem gewissen Teil von den Erbanlagen bestimmt. Allerdings haben auch die Erfahrungen, die er im Laufe seines Lebens macht, großen Einfluss auf sein Verhalten.

Was prägt den Hund?

NINA RUGE: Natürlich ist ein Ridgeback kein Mops, und ein Terrier ist kein Windhund. Wie auch? Jede Rasse hat ihre typischen Eigenschaften, und die sind durchaus hilfreich, wenn es darum geht, die richtige Entscheidung für und über das vierbeinige Familienmitglied zu treffen. Doch wie groß ist der Spielraum? Es gibt ja auch innerhalb einer Rasse ganz unterschiedliche Charaktertypen. Ich denke da nur an Simba und Vroni: die eine ängstlich und zurückhaltend, die andere freundlich und gemütlich.
Ein Berner Sennenhund in der Nachbarschaft kommt aus dem Tierheim. Er ist ein Bild von einem Hund, aber schüchtern bis in die Krallenspitzen. Dazu ist er unterwürfig und die Dankbarkeit auf vier Pfoten. Immer wieder signalisiert er seinem Herrchen: »Danke, dass du mich haben willst und behältst.« Bei den anderen Hunden in der Familie hat er mit diesem Verhalten keine Chance. Obwohl er der Größte und Imposanteste ist, steht er in der Hierarchie

> » *Ich bin überzeugt, es gibt Hunde, die sind tendenziell einfach weniger sozialverträglich als andere. Aber wie viel ist wirklich erblich bedingt?* «

ganz unten. Sich aus dieser Rolle zu emanzipieren dürfte ein Ding der Unmöglichkeit sein, auch wenn das Herrchen ihn unterstützen würde. Doch wie sieht es aus, wenn ein Hund Aufmerksamkeit und Ressourcen nicht mit Artgenossen teilen muss? Ist es dann möglich, sein Wesen ins Positive zu beeinflussen? Kann dann aus einem schüchternen Hund ein mutiger werden oder aus einem Stoffel ein Charmeur?
Ich kenne viele Beispiele, wo dies nicht gelungen ist. Der Hund eines befreundeten Paares etwa hegt von Geburt an ein wahnsinniges Misstrauen gegenüber Menschen. Solange kein Fremder in der Nähe ist, ist alles gut. Doch will ihm jemand, den er nicht kennt, schnell mal über den Kopf streicheln, dann schnappt er – und das heftig. Da hilft kein Training und kein Leckerli.

>> *Kann es tatsächlich sein, dass ein Hund so wenig Interesse an seinem sozialen Umfeld zeigt? Ich dachte, Hunde wollen und müssen mit anderen kommunizieren.* «

Lässt sich das Wesen beeinflussen?

Auch der Hund einer Freundin, eine seltene koreanische Rasse, ist von »Hauptberuf« Autist. Die beiden anderen Hunde in der Familie sind sehr auf Menschen fixiert. Doch er, eine weiße Ausnahme-Schönheit, hat kein Interesse an der Kontaktaufnahme. Weder zu seinen vierbeinigen Gefährten noch zu seinen Menschen. Seine Aufgabe scheint das Aufpassen zu sein. Er ist permanent am Sondieren, ob ein Fremder, ein Eindringling den Clan bedrohen könnte. Entsprechend oft und heftig bellt er. Nur wenn der Fernseher läuft, dann vergisst er seinen Job. Vor allem Tiersendungen sieht er gern. Stundenlang liegt er vor dem TV-Gerät, ohne sich vom Fleck zu rühren. Vor lauter Ratlosigkeit war meine Freundin sogar in einem Hundetrainingscamp. Dort sollte ein Einzelcoaching für größere Nähe zwischen Mensch und Hund sorgen. Ohne Erfolg. Dieses Tier mag sich nicht näher um seine Mitgeschöpfe kümmern, egal, ob auf zwei oder auf vier Pfoten. Er passt auf sie auf. Und damit basta. Ich frage mich daher, ob es tatsächlich nichts gibt, was man tun kann, um einem Hund ein klein wenig mehr Vertrauen in die Welt zu schenken? ∎

GÜNTHER BLOCH: Natürlich ist das Wesen eines Hundes zu einem gewissen Teil durch seine Erbanlagen bestimmt. Dass Hunde zum Beispiel einen Putzlappen nehmen und schütteln, ist genetisch bedingt und die instinktive Handlung eines Beutegreifers. So etwas kann man dem Tier auch nicht abgewöhnen – ebenso wenig wie die Angewohnheit unserer Vierbeiner, am Boden zu scharren und sich immer wieder um sich selbst zu drehen, ehe sie sich gemütlich hinlegen. Oder dass sie umso mehr bellen, je dunkler es wird.

Der Charakter hängt von vielem ab

Dennoch fällt es mir ungemein schwer, einseitig von einem »genetisch festgeschriebenen Programm« zu reden. Schließlich muss Verhalten generell definiert werden als eine Kombination aus angeborenen Instinkten und Lernerfahrungen – und als ewiger Anpassungsprozess an Zeit und Raum. Rassespezifisches hat da seine Grenzen. Nicht jeder Sennenhund ist zum heroischen Revierverteidiger geboren, nicht jeder Kleinterrier ein »harter« Kerl und längst nicht jeder Retriever automatisch eine »Kanone« beim Apportieren. Verhaltenstechnisch betrachtet trennen da oft Lichtjahre das eine Individuum vom anderen. Der Hund ist eben einfach mehr als die Summe seiner genetischen Veranlagungen.

Der beschriebene koreanische Hund hat im Welpenalter mit größter Wahrscheinlichkeit keine optimale Prägung auf Mensch und Artgenosse erfahren. Ihm fehlen daher bestimmte Routineabläufe, die es mit Geduld und Spucke konsequent zu etablieren gilt. Es ist die Angst vor Unbekanntem, die diesen Hund veranlasst, überdurchschnittlich oft zu bellen.

»Sicherheitstraining« für Hunde

Was alle Haushunde unabhängig von ihrer Rasse oder Mischlingsform vereint, ist das innere Bestreben, sich in unserer Nähe aufzuhalten. Oder wie es meine Kollegin Elli Radinger und ich vor einigen Jahren formuliert haben: »Artgerecht für den Hund ist, eng mit dem Menschen zusammenzuleben.« Und gerade weil Hunde so sehr unsere Nähe suchen, können wir natürlich viel dazu beitragen, dass sie sich sicherer fühlen. Zum Beispiel indem wir einem scheuen Hundetyp jene mentale Ausgeglichenheit vorleben,

die er braucht. Unsichere Hunde müssen sich im Zweifelsfall an »ihren« Menschen anlehnen können. Und dieser sollte dazu die Ruhe ausstrahlen, die nötig ist, um alle Bedenken des Vierbeiners zu zerstreuen. Rein »technisch« bietet sich dazu ein gezieltes Desensibilisierungstraining an. Dabei setzen Sie einen eher scheuen oder angstaggressiven Hund zunächst aus weiter Distanz in kleinen, wohldosierten Schritten einem Unsicherheit auslösenden Reiz aus (etwa einer flatternden Markise, einem Regenschirm oder einem knallenden Geräusch). Jede Duldung des Hundes, jedes neutrale Verhalten wird belohnt. Im nächsten Schritt verkürzt man dann langsam den Abstand zum »gefürchteten Objekt« beziehungsweise konfrontiert den Hund mit

Was Welpen von den Großen lernen, testen sie auch im Spiel mit Gleichaltrigen.

Ein neugieriger Hund findet immer
etwas, was sein Interesse weckt. Er
hat einfach Spaß am Entdecken.

denselben Ereignissen in stärkerer Form. Bei jedem Zeichen der Angst oder Unsicherheit kehrt man wieder zur vorherigen Stufe zurück, bis es irgendwann klappt. Wie lange es dauert, bis sich Erfolge einstellen, ist wegen der individuellen Erfahrungen von Hund zu Hund unterschiedlich. Im Schnitt müssen Sie mit drei bis vier Monaten rechnen.

Ein erfahrener Hundehalter kann so ein Desensibilisierungstraining selbst durchführen, sofern er sich strikt an die Vorgehensweise hält. Alle anderen sollten sich besser an einen erfahrenen Therapeuten wenden. Davon gibt es meiner Meinung nach jedoch leider ganz wenige. Ich schließe mich eher der Ethologin Dorit Feddersen-Petersen an, die einmal sinngemäß völlig berechtigt anmerkte: »Verhaltenstherapie ist ein schwieriger Begriff, da er impliziert, was er nicht halten kann.«

Trotzdem: Typ bleibt Typ

Zu guter Letzt bin ich noch eine Antwort auf die Frage schuldig, ob sich der Grundcharakter eines Hundes verändern lässt. Sie lautet eindeutig: Nein! Auf Dauer bleibt eine extrovertierte Verhaltensausrichtung genauso bestehen wie eine introvertierte. Da beißt die Maus keinen Faden ab.

Wie man sich gegenüber der Damenwelt zielgerichtet beziehungsweise möglichst erfolgreich als Charmeur präsentiert, das können unsere lieben Rüden allerdings prima lernen. Biologisch definiert heißt das dann »Werbeverhalten«. Man munkelt, es gebe auch Männer, die das besser könnten als andere. Das eigentlich Faszinierende daran finde ich, wie sehr sich das Säugetier Mensch und das Säugetier Hund doch gleichen. ■

Wie groß ist unser Einfluss auf Hunde tatsächlich?

NINA RUGE: Auf einem Bauernhof in der Schweiz habe ich eine Entlebucher-Hündin kennengelernt, die Lupo wirklich zum Verwechseln ähnlich sieht: Frieda. Es stellte sich heraus, dass beide dieselbe Mutter haben; Frieda kam rund eineinhalb Jahre nach Lupo zur Welt. Ich war begeistert. Doch auch wenn die beiden sich gleichen wie ein Ei dem anderen, unterscheidet sich Frieda in einem deutlich von Lupo: Sie ist ein echter Hofhund. Sie darf nicht ins Haus und schläft auch nur draußen. Tagsüber stromert sie in der Gegend herum; die Kleine ist eine echte Abenteuerin. Sie hängt zwar an ihren Besitzern – einer jungen Familie mit zwei Kindern – und freut sich riesig, wenn die vier nach Hause kommen. Doch eine echte Bindung scheint sie nicht zu ihnen aufgebaut zu haben. Manchmal hört Frieda auf ihren Namen und verbringt gerne auch einmal Zeit mit ihren Menschen. Aber dann ist sie wieder weg. Nur abends kommt sie zuverlässig nach Hause, weil sie weiß, dass dort Futter und ein geschützter Schlafplatz in der Hundehütte auf sie warten.

Warum ist Frieda nur so anders?

Wenn Lupo kam, war Frieda völlig aus dem Häuschen. Sie tobte mit ihm, spielte, raufte, knabberte und wälzte sich hingebungsvoll auf dem Boden herum. Sie hat also durchaus ein soziales, herzliches Wesen, das eben nur nicht domestiziert und auf gesunde Weise auf ihre Menschen geprägt ist: nicht

Jeder Hund hat seine »Persönlichkeit«. Doch auf die haben wir großen Einfluss.

zu eng. Als ich Lupo und Frieda gemeinsam erlebte, kam ich durchaus ins Grübeln. Die Geschwindigkeit, das Hakenschlagen, die Lust an der Bewegung, das Agile, Energiegeladene – das haben beide. Aha, dachte ich, das sind die Gene. Doch die enge Bindung an Menschen, die Kommunikation mit ihnen, das Bedürfnis, immer zusammen zu sein und (meist) das zu tun, was der Mensch von ihm will, die Sehnsucht, nachts bei ihm im Schlafzimmer zu liegen, das Bedürfnis nach Streicheleinheiten, Raufen und Kraulen, die Freude an gemeinsamen Spaziergängen oder Joggingrunden, das Aufpassen, dass alle auch immer zusammen sind: all das kennt Frieda nicht. Trotzdem scheint sie glücklich zu sein. Sie ist neugierig, aufgeweckt und rundum gesund.

Nähe und Zuneigung sind genauso wichtig wie ausreichend Futter oder ein sicherer Schlafplatz.

Ist Frieda genauso glücklich?

Natürlich: Wir haben Lupo auf große Nähe sozialisiert. Entsprechend oft sucht er Körperkontakt und die Kommunikation mit uns. Nicht nur im Spiel, auch als »Wächter«. Wenn ihm irgendetwas auffällt, das nicht in Ordnung sein könnte, wufft er ganz leise. Zeigt mir, dass ich aufpassen soll. Wenn ihn etwas richtig irritiert, wird gebellt. Und wenn ich ihm rückmelde: »Habe ich gesehen. Danke, dass du aufpasst, aber alles ist gut«, dann ist er zufrieden. Gleichzeitig fordert er von mir meine Chef-Rolle ein. Wenn Vroni zu sehr nervt, soll ich das bitte schön abstellen. Und wenn er sich von einem Schäferhund bedroht fühlt, dann soll ich dem Kerl gehörig die Leviten lesen. Ich folgere daraus, dass wir Lupos Wesen, seine Bedürfnisse, seine Kommunikation wesentlich beeinflusst haben. Seine Anhänglichkeit, seine Menschenzugewandtheit, auch seine Maßstäbe für Glück haben wir geprägt. Lupo scheint ein zutiefst zufriedener Hund zu sein. Das Komische ist nur: Auf Frieda scheint das ganz genauso zuzutreffen. Ist das ein Beweis dafür, dass die körperlichen wie mentalen Anlagen zwar angeboren sind, sich die Seele, der Charakter jedoch abhängig von der Umgebung entwickelt? Wie sonst könnten zwei »Geschwister« so unterschiedlich sein? ■

> » *Lupo beschäftigt sich nicht gern allein. Frieda dagegen erscheint mir diese ›Selbstständigkeit‹ regelrecht zu brauchen, um glücklich zu sein.* «

GÜNTHER BLOCH: In der Tat prägt der Mensch typische Verhaltenseigenschaften seines Vierbeiners in ganz gehörigem Maß. Selbst unter Wurfgeschwistern herrscht daher eine riesige Verhaltensvariabilität. Grob geschätzt beruht das »Wesen« eines Hundes zu etwa zwei Drittel auf umweltbedingten Lernerfahrungen. Welpen und Jungtiere durchlaufen einen rasanten Lernprozess der sozialen und Lebensraumprägung. Den meisten von uns fallen beim Begriff »Prägung« allenfalls die berühmten Graugänse des großen Verhaltensforschers Konrad Lorenz ein: Weil dieser das einzige Lebewesen war, das die Gänseküken direkt nach dem Schlüpfen sahen, wurden sie durch ihn geprägt und folgten ihm wie einem Vater überall hin. Soziale Prägung hat also in erster Linie etwas mit Beziehungsaufbau zu tun. Lebensraumprägung dagegen bedeutet, dass sich ein Tier optimal an die vielen Nuancen seines unmittelbaren Lebensraums anpasst, dass es sich dort sicher und vertraut fühlt. Doch auch wenn ein Großteil des Wesens eines Hundes auf Prägung beruht, ist immer noch rund ein letztes Drittel davon angeboren, kanidentypisch instinktiv. Zu diesem Teil gehört auch das hündische Bedürfnis, spielen zu wollen.

Hunde gehören ins Haus

Mensch und Hund haben gemeinsam eine lange Kulturgeschichte durchwandert. Eine künstliche Selektion (Wolf/Hund) und die weiterführende Zucht Hunderter Rassen hat sicherlich dafür gesorgt, dass der Hund irgendwie schon genetisch unserer Art ein gewisses Grundvertrauen entgegenbringt.

Und so ist der Mensch der bevorzugte Sozialkumpan des Hundes, mehr noch: die Vierbeiner sind abhängig von uns. Ich würde sogar behaupten, dass ein Hund, der kaum Ansprache seitens des Menschen erfährt, alleine vor sich hin lebt und so gut wie nie spielen darf, seelisch verkümmert. Hunde wie Frieda tun mir deshalb ehrlich leid. Ich finde sogar, dass es verboten sein sollte, dass ein Haushund so isoliert lebt. Ich halte davon gar nichts. Hunde gehören in die Familie. Sie nicht einmal nachts ins Haus zu lassen finde ich unmöglich. Ich würde Frieda daher keinesfalls als »zufrieden« bezeichnen. Dazu fehlt ihr ein sozialstabiles Umfeld. Schön, dass sie wenigstens gelegentlich mal mit einem anderen Hund zusammen ist – und mit Lupo toben darf. ■

»Ich versuche meinen Hunden auch mithilfe meiner Körpersprache deutliche Signale zu senden.«

Welche Rolle spielen Muttertier und Züchter?

NINA RUGE: Wenn wir schon so viel im Hinblick auf das Verhalten und Wesen unserer Hunde bewirken können, wie stark müssen dann erst diejenigen Tiere und Menschen prägen, die dem Welpen in den ersten Lebenswochen begegnen? Wenn ich nur an die Hundemütter denke. Es fasziniert mich jedes Mal aufs Neue, wie entspannt, selbstverständlich und selbstbewusst sie mit ihrem Chaoshaufen umgehen. Sie lassen den kleinen Remplern und Schubsern jede Menge Freiheiten, die Welt zu erobern. Und lehren sie zugleich, Grenzen zu akzeptieren und Autorität anzuerkennen.

Gibt es einen besseren Start?

Lupos Mutter Kyra zum Beispiel. Sie hatte das erste Mal geworfen und schien ziemlich erschöpft von der immensen Leistung, die ihre acht Welpen ihr abverlangten. Trotzdem ruhte sie in sich, schien intuitiv in jedem Moment zu wissen, was zu tun war. Ihr Umfeld gab ihr Orientierung und Kraft: Sie lebt auf einem Bauernhof inmitten einer herzlichen Großfamilie. Die Welpen hatten entsprechend viel Unterhaltung und trainierten früh den Umgang mit anderen Lebewesen. Lupo ist heute ein selbstbewusster, aber durchaus behutsamer Hund, der sich bemüht, nichts kaputt zu machen, dem »Rudel« immer nahe zu sein – der neugierig, aber nicht draufgängerisch ist.

> *Ich denke, meine Welpen lebten in dem ›Gottvertrauen‹, dass ihre Hundemamas sie vor allen Gefahren dieser Welt bewahren würden.*

Auch Vronis Kleinkindzeit glich einem Paradies. Sie wuchs beim Zuchtwart für Große Schweizer Sennenhunde im Schweizer Örtchen Melchnau auf. Ihre Mutter Lesley war eine erfahrene Mama. Vroni und ihre acht Geschwister hatten einen großartigen Spielplatz und Trekking-Parcours von rund 2000 Quadratmetern, auf denen sie in Kisten zwischen Dutzenden von Bällen herumkugeln, auf Brettern und Baumstämmen balancieren und durch Röhren krabbeln konnten. Man unternahm früh Ausflüge in den Wald, übte das Autofahren, besuchte Welpenspielstunden. Kurzum: Es war ein Eins-A-Startprogramm ins Leben. Der Züchter nahm seine Aufgabe so ernst, dass er mit Lesley und Vroni bis zu uns fuhr, um sich anzusehen, wie Vroni leben würde – und um den Abschied von der Mutter leichter zu gestalten. Dabei schien mir Lesley mehr zu leiden als Vroni, als sie sich trennten.

Macht Liebe so stark?

Vroni war so satt von Liebe und spannenden Erlebnissen und dermaßen neugierig aufs Leben, dass sie von einer Sekunde auf die nächste begann, ihr neues Zuhause zu erobern. Zunächst durchaus schüchtern und schreckhaft, doch das legte sich bald. Heute

ist sie die Einzige, die sich die enge Wendel-treppe hinaufwagt. Sie springt über Bäche, steckt Lupos Eifersuchtsattacken mit stoi-scher Gelassenheit weg, lässt sich von ihm umstoßen und steht fröhlich wieder auf: Vroni hat eine ungewöhnlich starke Persön-lichkeit entwickelt. Sie ist sehr selbstbewusst und lässt sich nicht leicht verunsichern.
Ist es tatsächlich so, dass Hunde ein beson-ders stabiles und robustes Seelenleben ent-wickeln, wenn die Hundemutter ungestört ihrem natürlichen Interesse an Fürsorge nachgehen kann und die Hundebabys vom Züchter oder Halter früh gefordert und gefördert werden? ■

GÜNTHER BLOCH: Soziales Lernen und Umwelt-Lernen von der Mutter ist für einen Welpen das Wichtigste überhaupt – und durch nichts zu ersetzen. Welpen von scheuen oder unsicheren Hündinnen neigen ihrerseits sehr zu starken Fluchttendenzen, zeigen gemeinsam im Geschwisterpulk oft panische Verhaltensreaktionen. Hingegen verhält sich der Nachwuchs von selbstsicher auftretenden Müttern insgesamt sozial und emotional stabiler. Er wirkt interessierter und ist aufgeschlossener für Neues, vor allen Dingen beim sozial-freundlichen Kennen-lernen von Menschen und Artgenossen. Denn von seiner souveränen Hundemutter lernt der Welpe in optimaler Art und Weise, Erfolg und Misserfolg zu verarbeiten, die

Nie wieder wird der Charakter eines Hundes so stark geprägt wie in den ersten Lebenswochen.

>> *Prägung beginnt schon im Mutterleib. Was die Mutter während der Trächtigkeit frisst, hat einen direkten Einfluss auf das, was die Welpen am liebsten fressen.* <<

typischen Eigenschaften aller Gruppen- und Beziehungspartner einzuschätzen und deren Persönlichkeitsstrukturen in sein eigenes Handeln einzubeziehen. Kurzum: Ein Welpe, dem eine »coole« Mutter mentale Ausgeglichenheit, soziale Sicherheit und Offenheit vorlebt, entwickelt sich erkundungsfreudiger, untersucht mehr und lernt mehr als andere.

Welpen müssen Regeln lernen

Ein formal ranghohes Tier, wie es auch eine Hundemutter ist, hat garantiert andere Vorstellungen von denjenigen »Benimmregeln«, die es im Alltagsleben unbedingt einzuhal-

Beim Spiel mit Artgenossen lernen Welpen am besten, wie man sich in der Gruppe verhält.

ten gilt, als ihre Welpen. Und so »kracht« es schon einmal und die Welpen »schreien«, was das Zeug hält. Doch die viel gerühmten Abbruchsignale, wie zum Beispiel ein strenger Blick, ein Lefzen-Anheben oder ein körperbetontes Wegschubsen, haben eine wichtige Lernfunktion. Wenn eine Hundemutter gezielt zum Ausdruck bringt: »Jetzt reicht's! Jetzt ist Feierabend!«, so nimmt sie eine Vorbildfunktion für sozial-beziehungsrelevantes Verständnis ein. Daran hapert es Welpen noch, weil sie aufgrund ihres Alters sozial unerfahren sind. Und genau deshalb müssen anfangs hemmungslose Welpen, die im frühen Entwicklungsstadium bekanntlich die reinsten Egoisten sind, so umfassend wie möglich moralanaloges Verhalten lernen dürfen. Will heißen: Die Strafe folgt auf dem Fuß, ohne Wenn und Aber. Danach wird sich wieder versöhnt – und gut ist. Die Verhaltenskorrekturen beeinflussen das vertraute Beziehungsverhältnis von Mutter und Kind keineswegs negativ – genauso wie später auch situative Verhaltenskorrekturen durch den Halter die Beziehung zwischen Mensch und Hund nicht beschädigen. Die entscheidende Frage ist, ob der Mensch die Klugheit, Weitsicht und sozioemotionale Stabilität aufbringt, sich aus der Welpenerziehung durch deren Mutter vornehm herauszuhalten. Denn das sollte er tun.

Die Rolle des Züchters

Hundezüchter werden meiner Meinung nach viel zu wenig kontrolliert. Wie heißt es so schön im Volksmund: »Vertrauen ist gut, Kontrolle ist besser.« Wer den Stammbaum sämtlicher Zuchthunde bis zu den Anfängen herunterleiern kann, hat in meinen Augen noch nichts bewiesen. Auch der Besitz allseits hoch gelobter »Champions« sagt wenig über die Züchterqualität aus, weil bei Hundeausstellungen viel zu viel Wert auf Optik und viel zu wenig Wert auf Verhalten gelegt wird. »Schön« muss er halt sein, der standardisierte Ausstellungshund.

Selbstverständlich gibt es erfreuliche Ausnahmen. Menschen, die bei der Zucht von Hunden eine größere genetische Vielfalt zulassen, bei nordamerikanischen Huskies zum Beispiel oder russischen Laiki. Die kommen in allen möglichen Schlägen und Farbvarianten daher. Und das ist gut und richtig so. Zwar züchten auch Züchter anderer Rassen durchaus verantwortungsvoll und orientieren sich zum Beispiel bei der Auswahl der Eltern sehr stark am Wesen der Tiere. Der Unterschied ist aber, dass bis auf wenige Ausnahmen fast alle Rassen genetisch extrem eingeengt sind, weil von der Fellfärbung bis hin zu Größe der Augenflecken keine Vielfalt zulässig ist.

Aufzucht in der Familie

Für die Aufzucht in der Familie gibt es keine Alternative. Allerdings sollte das Ganze ohne großes Tamtam vonstattengehen. Man sollte die Welpen ganz einfach in den Alltag integrieren, dann verhalten sie sich

Ausreichend lange Verschnaufpausen helfen dem Kleinen, das Erlebte zu verarbeiten.

normalerweise auch genauso: normal. Insofern sind für mich Dinge wie ein großer Garten oder Abenteuer-Spielplätze relativ irrelevant. Bei unseren Großeltern gab es so etwas zum Beispiel überhaupt nicht. Trotzdem waren ihre Welpen gut sozialisiert – zumindest diejenigen, die ich als kleiner Junge kennenlernen durfte. Auch meine eigenen Hunde hatten in der Welpenzeit weder ein Dutzend Bälle noch Frisbees. Wozu? Man kann als Hundebaby auch mit einem simplen Blatt spielen. Dennoch finden sich alle meine Hunde, einschließlich unserer kaukasischen Owtscharka-Hündin, stets frei laufend in Wandergruppen mit bis zu 20 anderen Hunden bestens zurecht. Sie beherzigen soziale Regeln des »Fair Play« und halten einen bestimmten Radius zu uns Menschen ein. ■

Die Qual der Wahl: Wie soll man da nur den richtigen Welpen für sich herausfinden?

Woran erkenne ich »meinen« Welpen?

NINA RUGE: Eigentlich sollte beim Hundekauf ja der Kopf entscheiden, nicht der Bauch. Es gibt sogar Tests, die dabei helfen sollen, den späteren Charakter eines sechs Wochen alten Welpen zu »ermitteln«. Dazu setzt man den kleinen Hund zum Beispiel auf einen glatten Tisch und schaut, was er macht. Tapst er ohne Hemmungen schnurstracks auf die Tischkante zu und droht er sich in die Tiefe zu stürzen, dann wird er später sicher einmal ein echter Draufgänger. Bleibt der Welpe dagegen zitternd sitzen und fiept nach der Mama, wird er wohl eine Memme par excellence. Beginnt er aber ruhig und bewusst, seine Umgebung zu ertasten und zu erschnüffeln, dann wird er ohne Zweifel ein wahrer Prachtkerl.

Diesen Test hatte ich auch mit Simba gemacht, als sie sieben Wochen alt war. Ein bisschen zögerlich war sie, aber durchaus entdeckungsfreudig. Und vor der Tischkante hatte sie eindeutig Respekt. Eine gute Mischung, wie ich fand. Doch wenn ich ehrlich war, hatte ich mich ohnehin schon längst in sie verliebt. Da kam mir der Test gerade recht.

Gibt es Liebe auf den ersten Blick?

Was ist es nur, das unsere Seelen zusammenfinden lässt? Dass man ein Tier anschaut und weiß: »Genau das ist es!« (Umgekehrt scheint es übrigens genauso zu sein.) Bei Vroni waren es die Augen. Dabei hat sie eine deutliche Fehlzeichnung: die Blesse im Gesicht ist viel zu groß, sodass die beiden braunen Abzeichen über den Augen nicht wie gewünscht im Schwarzen liegen, sondern im weißen Fell. Außerdem zieht sich die weiße Zeichnung zackenförmig über den gesamten Hinterkopf – sehr interessant, aber nicht gerade der Traum eines Züchters. Uns war das egal. Denn ihr Blick war einfach umwerfend. Vroni sah uns so sensibel, lieb und weise an, dass wir sofort überzeugt davon waren, dass sie die Richtige für uns ist. Als weise kann ich sie heute zwar nicht bezeichnen, aber wir sind nach wie vor überzeugt, die richtige Wahl getroffen zu haben. Und erst Lupo! Wir haben ihn ebenfalls mit sieben Wochen aus dem Wurf ausgesucht. Er wirkte selbstbewusst, verspielt, frech – und er hatte diesen besonderen Zauber, diese Aura, die dafür sorgte, dass wir uns verliebten. Natürlich habe ich mich später immer wieder gefragt, warum uns gerade dieser Obermacho angelacht hat, der immer genau weiß, was er will, und zugleich Weltmeister im Schmusen, Spielen und Liebhaben ist? Wieso haben wir uns in Simba verliebt, diesen herzlichen Dickkopf? Und wieso war zuletzt Vroni, die nicht nur aussieht wie ein Clown, sondern auch ein ebenso heiteres Wesen hat, die ständig lacht, nichts krumm nimmt und unendlich viel Blödsinn macht, unsere Favoritin?

Vielleicht haben wir Menschen ja einen siebten Sinn für das Tier, das unsere eigene Befindlichkeit spiegelt? Das uns ergänzt, indem es jene Eigenschaften mitbringt, nach denen wir uns im Alltag sehnen? Lupo verkörpert die aktive Intelligenz und Sensibilität. Simba stand für gemütliches Miteinander und gutmütige Trampeligkeit. Vroni ist der Scherzbold mit starkem Hang zum Schmusen und zum Chaos. Und mit jedem von ihnen kam genau die Gefühlsfarbe ins Haus, die gerade passte.
Ich würde daher zu gern wissen, ob es wirklich sein kann, dass wir aus dem Bauch heraus den richtigen Hund für uns wählen: ein Tier, das unserem Wesen am besten entspricht? Erkennen sich da zwei Seelen? Und entscheiden nicht vielleicht die Hunde selbst zu einem Teil, wer bei uns einzieht? ∎

GÜNTHER BLOCH: Ach, die viel beschworene Liebe auf den ersten Blick: Ich halte es eher für unwahrscheinlich, dass wir aus dem Bauch heraus »den« richtigen Hund auswählen. Ich denke da nur an so schöne wie gegensätzliche Sprichwörter wie »Gleich und Gleich gesellt sich gerne« und »Gegensätze ziehen sich an«. Na, was denn nun, ist man da geneigt zu fragen? Nüchtern betrachtet sind wir hier zuallererst beim berühmt-berüchtigten Kindchenschema gelandet. Welpen verhalten sich tollpatschig. Welpen wirken hilflos, was wir Menschen als »süß« oder »zum Knuddeln komisch« charakterisieren. Schutzbedürftige Hundebabys lösen intuitiv das Bedürfnis nach Jungenfürsorge aus. Dieses Phänomen ist bekannt und auch wissenschaftlich belegt.

Schon Welpen haben Charakter

Selbstverständlich sollte man sich im Vorfeld überlegen, welche Voraussetzungen im Grundverhalten eine bestimmte Rasse mit sich bringt. Genauso wichtig sind Gedanken darüber, welche rasseunabhängige, individuelle Charaktertypen es gibt. Persönlichkeitstests für Hundewelpen machen da sehr wohl Sinn. Schließlich lässt sich das »Wesen«, also die charaktertypische Persönlichkeit, eines Hundes im Großen und Ganzen schon mit Abschluss des zweiten Lebensmonats erkennen. Welpen, die sofort angelaufen kommen und erst einmal den Schnürsenkel des zukünftigen Herrchens kräftig durchschütteln, sind zum Beispiel in der Regel die selbstbewussten sogenannten »Kopftypen«. Menschen, die im Alltag eher ein wenig inkonsequent sind und selbst zu einer gewissen emotionalen Instabilität neigen, sollten von solchen Welpen dringend die Finger lassen. Sie sind mit ziemlicher Wahrscheinlichkeit schnell überfordert, weil für diesen Hundetyp bei der Erziehung höchste Konsequenz nötig ist. Für Anfänger passen besser sozial verspielte, gesellige Hundewelpen, die fast immer im Geschwisterpulk zusammenliegen und nicht so sehr durch »Alleingänge« auffallen wie die oben beschriebenen Anführertypen.

Bereits nach wenigen Wochen zeigt sich, wer das Sagen hat und wer sich lieber an der Gruppe orientiert.

Die Rangfolge steht von Anfang an fest

Machen Sie sich keine falschen Hoffnungen, dass sich der Hundewelpe im Laufe der nächsten Wochen und Monate noch stark verändern wird (es sei denn, er macht extrem schlechte Erfahrungen, was seinen eigentlichen Grundcharakter negativ beeinflussen würde). Denn unsere auf Langzeit angelegten Verhaltensstudien am Wolf in freier Wildbahn belegen erstmals auch wissenschaftlich, dass sich in einem Welpenwurf bereits im Alter von sieben bis neun Wochen eine dreigeteilte Sozialrangordnung herauskristallisiert. Schon dann steht die ranghöchste und die rangniedrigste Position fest – und diese verändert sich später so gut wie nie mehr. Alle anderen Welpen, die zum sozialen Mittelfeld zu zählen sind, haben keine etablierten Rangpositionen. Ranghohe Individuen bezeichnen wir als »Kopftypen«, tiefrangige als »Seelchen« und die aus dem sozialen Mittelfeld als »gesellige Typen«. Jeder Typus hat demnach seine unverwechselbaren Grundeigenschaften. Die »Kopftypen« sind diejenigen mit dem größten Anführertalent. »Seelchen« sind im Prinzip unterwürfige Mitläufer, und gesellige Typen gehören zu den mit Abstand verspieltesten Hundeindividuen.
Erste Untersuchungen und Tests an Haushunden legen den Schluss nahe, dass auch ihre soziale Gruppenorganisation als Dreiklassengesellschaft strukturiert ist. ■

Draufgänger oder eher Mauerblümchen? Es ist bei Hunden nicht anders als bei uns: Der Grundcharakter lässt sich nicht verändern.

Gibt es unterschiedliche Hundepersönlichkeiten?

Der Verhaltensbiologe Dr. Immanuel Birmelin sieht in Hunden keine instinktgesteuerten, gut abrichtbaren Wesen, sondern Individuen mit persönlichen Stärken und Schwächen.

Hund mal anders: Immanuel Birmelin erforscht das Wesen vieler verschiedener Tierarten.

WAS UNTERSCHEIDET HUNDE VONEINANDER?

NINA RUGE: Sie sind der Meinung, dass die Intelligenz eines Hundes weniger von seiner Rasse abhängt als von seiner individuellen Persönlichkeit. Welche »Typen« gibt es denn?

IMMANUEL BIRMELIN: Wissenschaftlich wurde noch nie versucht, eine entsprechende Klassifizierung aufzustellen. Das würde vermutlich auch gar nicht gelingen. Schließlich steckt die Erforschung der tierischen Persönlichkeit noch in den Kinderschuhen. Wir tasten uns erst langsam heran. Und die häufigsten Versuchstiere sind Mäuse und Meerschweinchen, weil man diese Arten leichter genetisch untersuchen kann. Aber ich habe natürlich eine eigene Meinung zu diesem Thema. Mein persönlicher Eindruck ist, dass es unter den Hunden ganz ähnliche Persönlichkeitstypen gibt wie bei uns Menschen auch.

NINA RUGE: Zum Beispiel?

IMMANUEL BIRMELIN: Den Blender oder Bluffer. Den Draufgänger oder Macho. Den Schüchternen oder Sensiblen …

NINA RUGE: Gibt es auch den Eitlen?

IMMANUEL BIRMELIN: Nein, die übertriebene Sorge um die eigene körperliche und geistige Schönheit gibt es meiner Ansicht nach nur unter Menschen. Denn Eitelkeit setzt voraus, dass ich eine Vorstellung von mir selbst habe. Und die haben Hunde nicht.

NINA RUGE: Wie entstehen denn solche Hundepersönlichkeiten und Hundetypen? Welche Rolle spielen dabei die naturgegebenen »Voraussetzungen« wie Gene und Hormone? Und wie viel macht die individuelle Erfahrung aus?

IMMANUEL BIRMELIN: Die Gene spielen eine große Rolle. Manche Persönlichkeitsmerkmale sind schon im Welpenalter ganz klar zu erkennen. Man erkennt zum Beispiel schon recht früh, ob der Welpe sehr selbstbewusst ist oder eher zurückhaltend. Dafür gibt es auch verschiedene Tests. Manche dieser Anlagen kann man fördern, andere eher beiseiteschieben. Doch wird beispielsweise ein von seinem Typ her eher ängstliches Tier nie ein Draufgänger werden. Auch Hormone prägen die Persönlichkeit stark – und zwar nicht nur die Geschlechtshormone, wie Testosteron, das in hohen »Dosen« die Aggressivität fördert.

NINA RUGE: Welche Hormone beeinflussen die Persönlichkeit denn noch?

IMMANUEL BIRMELIN: Ein hoher Oxytocinspiegel etwa verstärkt anhängliches Verhalten. Und auch das Stresshormon Cortisol hat einen Einfluss auf den Charakter. Wissenschaftler haben zum Beispiel an Kohlmeisen die Erkenntnis gewonnen: Ein geringer Cortisolspiegel im Blut erhöht die Neugier und die Kreativität der Vögel. Man hat auch entdeckt, dass trauernde Hunde einen erhöhten Cortisolspiegel aufweisen. Nach unserem aktuellen Erkenntnisstand wird die Persönlichkeit eines Hundes also vom Zusammenspiel der Gene, der Hormone und der Erfahrungen geprägt.

NINA RUGE: Es heißt ja immer, dass Menschen im Traum die Erlebnisse des Tages aufarbeiten und sich somit die Persönlichkeit in gewisser Weise sogar im Schlaf »entwickelt«. Trifft das auch auf Hunde zu?

Was alle Hundepersönlichkeiten verbindet: Sie lieben es zu spielen.

151

Auch wenn es hier vielleicht anders aussieht:
Hunde sind nicht eitel.

IMMANUEL BIRMELIN: Der Schlaf von
Hunden scheint ganz ähnlich zu sein wie
bei uns Menschen. Adrian Morrison von
der Universität Philadelphia hat dazu et-
liche Experimente durchgeführt und zum
Beispiel mithilfe eines Elektroenzephalo-
gramms (EEG) die elektrische Aktivität
des Gehirns im Schlaf gemessen. Wir
wissen heute, dass Hunde ganz ähnliche
Schlafphasen durchlaufen wie wir selbst.
Daher geht man davon aus, dass auch die
»Funktion« des Träumens eine ähnliche
ist wie bei uns Menschen: Erlebnisse und
Gedanken werden sortiert und verarbeitet,
Unwichtiges wird gelöscht.
Bei meinem Schäferhund habe ich zum
Beispiel ein ungewöhnliches Phänomen
beobachtet: Er bellte im ersten Lebens-
jahr überhaupt nicht. Eines Tages wurde
er aber von zwei beeindruckenden Briards
überfallen, was selbst für einen selbstbe-
wussten Hund wie ihn ein erschütterndes
Erlebnis war. In der Folgenacht bellte
mein Hund das erste Mal: im Traum.
Daraus schließe ich, dass er dieses Erlebnis im Traum verarbeitet hat.

WER PASST ZU MIR?

NINA RUGE: Wenn wir davon ausgehen,
dass es auch unter Hunden verschiedene
Persönlichkeiten gibt, kann man dann
nicht für jeden Menschen den richtigen
Hundetyp finden?

IMMANUEL BIRMELIN: Schwer zu sagen. Ich
denke eher, die meisten Menschen suchen
sich einen Hund, der ihr Wesen möglichst gut widerspiegelt. Er soll gewissermaßen ihr Bild von sich selbst in die Welt
tragen. Daran ist ja auch gar nichts falsch.
Was mir aber unabhängig davon immer
öfter auffällt: Viele Hundehalter wollen,
dass der Hund ausschließlich ihre Wün-
sche erfüllt. Das Tier soll sich ganz an die
Bedürfnisse seiner Zweibeiner anpassen.
Dabei wird oft vergessen, dass ein Hund
einfach auch mal Hund sein dürfen muss.
Ich habe das erst jetzt wieder mit meinem
Bernhardinerwelpen auf dem Hundeplatz
erfahren: Schon im zarten Alter von vier
Monaten sollen die Welpen Kommandos
wie »Sitz« und »Bleib« beherrschen. Das
ist absurd. In diesem Alter geht es nicht
ums Folgen. Der junge Hund soll Freude

am Leben und Entdecken entwickeln und erst einmal eine starke Bindung zu seinem Halter aufbauen.

NINA RUGE: Kann man wenigstens wissenschaftlich untermauern, dass Mensch und Hund eine einzigartige Beziehung entwickelt haben?

IMMANUEL BIRMELIN: Nicht wirklich. Aber sagen wir es so: Hunde sind soziale Tiere. Sie sind wie wenige andere Arten motiviert, unser Ausdrucksverhalten als fremde Tierart verstehen zu lernen. Und umgekehrt fällt es uns Menschen relativ leicht, das Verhalten unserer Hunde intuitiv zu verstehen. Wobei ich durchaus der Meinung bin: Wir Menschen sollten uns bemühen, die Sprache der Hunde bewusst zu erlernen, um Missverständnisse zwischen Mensch und Hund zu vermeiden.

WIE FÖRDERE ICH MEINEN HUND?

NINA RUGE: Haben Hunde denn nicht immer recht ähnliche Bedürfnisse?

IMMANUEL BIRMELIN: Ob die Partnerschaft zwischen Mensch und Hund für beide Seiten glücklich ist, hängt ebenso wenig von der Rasse wie vom Geschlecht des Tieres ab. Worauf es ankommt, ist, dass Sie der Persönlichkeit des Hundes gerecht werden. Ein aufgeweckter, lebhafter Hund braucht zum Beispiel mehr Auslauf und liebt Abwechslung beim Spiel. Dies kann aber, wie gesagt, auf einen kleinen Terrier ebenso zutreffen wie auf eine

große Dogge. Ein eher bequemer, schwerfälliger Hund dagegen hat wenig Interesse, sein Herrchen morgens beim Joggen durch den Park zu begleiten. Er hat wahrscheinlich auch wenig Lust auf Hundesport und ständiges Bällchenwerfen.

NINA RUGE: Genügt es also, mit dem einen Hund mehr zu laufen und zu spielen und mit dem anderen weniger?

IMMANUEL BIRMELIN: Keinesfalls. Sie müssen Ihren Hund nicht nur körperlich typgerecht beschäftigen, sondern auch geistig. Auch hier liegt es an uns, die Begabung unseres tierischen Partners zu erkennen und entsprechend zu fördern.

NINA RUGE: Es heißt ja immer, bestimmte Rassen seien besonders intelligent und bräuchten daher besonders viele Aufgaben. Stimmt das?

IMMANUEL BIRMELIN: Meines Erachtens nein. Es kommt vor allem auf die individuelle Persönlichkeit und Begabung des Tieres an. Ich habe zum Beispiel einmal mit dem Bruder des »berühmten« Border Collies Rico gearbeitet. Dieser Hund war weder besonders kreativ noch intelligent.

Jeder Hund hat individuelle Vorlieben, die sein Halter berücksichtigen sollte.

Was erleichtert den Einzug ins neue Heim?

NINA RUGE: Wie sehr sich jeder neue Hundebesitzer auch freut, dass er endlich seinen Welpen gefunden hat: Für den kleinen Hund muss es abgrundtief schrecklich sein, in ein neues Zuhause umzusiedeln. Abschied zu nehmen nach zehn Wochen Babyparadies mit Mama und jeder Menge wunderbarer Geschwister, mit denen immer etwas los war, sofern man nicht gerade im Welpenpulk vor sich hin döste. Man hatte rund um die Uhr Körperkontakt, konnte jederzeit bei Mama trinken … Von einem Tag auf den anderen wird der junge Hund aus dieser Wunder-Welpenwelt herausgerissen. Da kommt ein Auto, ein wildfremder Mensch steigt aus (na gut, der hat vielleicht

Allen Welpen fällt es schwer, von der Mutter und den Geschwistern Abschied zu nehmen.

schon mal vor vier Wochen vorbeigeschaut, aber ein Welpe hat davon wahrscheinlich kaum mehr einen Schimmer) – und aus ist es mit dem Rudel-Familienleben. Ich war lange Zeit überzeugt davon, dass dies ein ganz schlimmes Trauma auslösen muss. Und ich wollte alles tun, um Klein Lupo diesen kalten, harten Schritt ins Leben, so gut es geht, zu erleichtern.

Zuhause im Glück?

Da Lupo mein erster Welpe war, ging ich besonders sorgfältig vor. Ich verschlang jede Menge Erziehungs- und Welpenfibeln, löcherte befreundete Hundehalter, telefonierte immer wieder mit dem Züchter. Ich besorgte einen Hundekäfig – nicht zu klein, Lupo sollte sich ja nicht eingesperrt fühlen. Ich legte den Käfig mit Hundewindeln aus und bedeckte diese mit einem Handtuch, das ich schon vor Wochen zur Hundemama in die Schweiz geschickt und auf dem sie regelmäßig geschlafen hatte. Wie ich fand ein geniales Stück Heimat, vollgesogen mit Mama-Geruch. In eine Ecke des neuen Lupo-Zuhauses platzierte ich einen laut tickenden Wecker, weil ich gelesen hatte, dass dieses Geräusch den Welpen an die Herztöne seiner Mutter erinnert. Ein kleines Schälchen Trockenfutter, Wasser, eine Decke über den Käfig, damit sich Lupo ge-

> » *Ich war mir so sicher, dass ich alles richtig gemacht hatte, um Lupo den Abschied so leicht wie möglich zu machen. Aber denkste.* «

Damit die Beziehung später harmonisch ist, braucht es vor allem anfangs ganz viel Nähe.

borgen fühlt, etwas Spielzeug natürlich …
Auf der mehrstündigen Autofahrt von der
Schweiz nach Hause gab Klein Lupo keinen
Mucks von sich und schlief friedlich durch.
Nur ganz selten öffnete er die Augen und
fiepte leise (was mir natürlich gleich das
Herz zerriss). Als ich ihn, endlich daheim
angekommen, im Garten auf den Rasen
setzte, schaute er erst einmal komisch. Doch
schon bald trödelte er gelassen über die Wiese, machte sein Geschäft und stürzte sich auf
die erste Ration Welpenfutter. Ich räumte
derweil hektisch die Sachen aus dem Auto,
ständig auf der Lauer, wo der Kleine rum-
trudelte. Merkwürdig: Er weinte gar nicht.
Im Gegenteil. Er schien ziemlich neugierig
und ausgeglichen zu sein. Schließlich brachte

ich Lupo zu seinem Käfig-Körbchen. Da
ich ihn auf keinen Fall im Schlafzimmer
übernachten lassen wollte (wo kämen wir
denn da hin?), hatte ich diesen ins Bad gestellt und nur die Tür zum Schlafzimmer
offen gelassen. Doch wer wollte partout
nicht in sein sorgfältig präpariertes Heim?
Lupo natürlich. Er quietschte und fiepte,
trat in eine Sitzblockade.

Müssen Welpen kuscheln?

In meiner Verzweiflung habe ich in Windes-
eile meine Zähne geputzt und bin dann sofort zu meinem verloren durchs Badezimmer
tapsenden Lupo gehechtet. »Nicht reagieren,
wenn er fiept«, schoss es mir durch den Kopf.
»Wichtigste Hundefibel-Regel!« Doch Lupo

Ob wohl gerade Zeit für eine Runde Kuscheln ist? Nachschauen kann man ja mal.

machte ganz große Augen und hoppelte laut weinend auf mich zu. Da gab es natürlich nur noch eins: hinlegen, ihn auf meinen Bauch heben und kraulen. Innig und zärtlich kraulen. Wenige Sekunden später schlief Lupo ein und schnaufte selig. Also verbrachte ich die ganze Nacht mit ihm auf dem Teppich. Im Schlafzimmer. Wo sonst?

Als ich morgens aufwachte, lag mein Hundebaby zwischen meinen Beinen und schnarchte leise. Von da an gab es kein Fiepen und Quietschen mehr. Lupo betrachtete »Auf-Ninas-Bauch-Liegen« fortan als die schönste Form der Existenz – vorausgesetzt, ich kraulte ihn dabei am ganzen Körper. Lupo war angekommen. Er wirkte überhaupt nicht depressiv oder traumatisiert. Alles war gut. Seitdem bin ich überzeugt, dass jede Menge Körperkontakt, Ruhe und Gemeinsamkeit in den ersten Stunden und Tagen nach dem Umzug aus dem »Hotel Mama« der geschundenen Welpenseele am besten hilft, schnell auf die neue Menschenfamilie umzuschalten. Habe ich damit recht? Oder muss man noch etwas mehr beachten, wenn man die kleinen Kerle in ein neues Zuhause »verpflanzt«? ■

GÜNTHER BLOCH: Soll ich Ihnen etwas verraten? Bei uns zu Hause schlafen alle Hunde seit Generationen im Schlafzimmer, zuweilen sogar in unserem Bett. Was ist auch schon dabei – vorausgesetzt, man findet das nicht unhygienisch. Wir wollen hier doch nicht die törichte Debatte vom »Alphawolf« eröffnen? Unsere Studien an frei lebenden Wölfen und wilden Hund belegen eindeutig, dass die Diskussion um Status und Rang im Zusammenhang mit erhöhten Liegeplätzen

>> *Jeder Kanidenwelpe muss erst mühsam lernen, in eine familiäre Sozialstruktur förmlich hineinzuwachsen. Dabei braucht er unsere Unterstützung.* «

und so weiter eine Scheindiskussion ist, die rein gar nichts mit Dominanz oder der fehlenden Anerkennung von männlichen oder weiblichen Gruppenleitern/innen zu tun hat. Wolfseltern haben auf jeden Fall kein Rangstatusproblem, wenn ein rangniedriges Familienmitglied auf einer Anhöhe schläft.

Welpen brauchen Nähe

Hundebabys, die von ihrer Mutter, vor allem aber von ihren Geschwistern getrennt und aus ihrer vertrauten Umgebung gerissen werden, brauchen soziale Nähe, Sicherheit und Geborgenheit. Langfristig gehaltvolle Sozialbeziehungen entstehen nur durch das genaue Beobachten und Nachahmen von Verhaltensintentionen und Gestimmtheiten aller Gruppenmitglieder, dabei ist auch der Mensch eingeschlossen.

Um Missverständnissen von vornherein einen Riegel vorzuschieben: Im Bett schlafen und auf dem Sofa liegen heißt nicht, dass Hundewelpen keine Tabus anzuerkennen brauchen. Nach ein paar Tagen Eingewöhnungszeit im neuen Zuhause, das dem sehr wichtigen Aufbau einer Lebensraumvertrautheit dient, sollten wir dem Hund sehr wohl deutlich zeigen, was wir erlauben und welches Verhalten unerwünscht ist. Aber eben erst nach ein paar Tagen. An erster Stelle muss die Vermittlung eines Wir-Gefühls stehen. Bedeutungsvoller Vertrauens- und Beziehungsaufbau kommt vor Erziehung.

Dieses stammesgeschichtlich tief verankerte ungeschriebene »Sozialgesetz« dient Kaniden als Markenzeichen ihrer Art. Unglücklicherweise hat sich diese Weisheit jedoch noch nicht überall herumgesprochen. Aus diesem Grund schreibe ich sie gerne all denjenigen ins Stammbuch, die nach wie vor die Auffassung vertreten, Erziehung müsse vom ersten Tag an stattfinden.

Hören Sie auf Ihr Herz

Dass man sich einen kleinen Welpen wie Lupo auf den Bauch legt, bis er eingeschlafen ist, beziehungsweise ihm sofort ohne großes Wenn und Aber von Anfang an soziale Nähe anbietet, ist die einzig richtige Vorgehensweise. Ich höre die ewigen Schlaumeier zwar schon wieder im Chor singen: »Vermenschlichung, Vermenschlichung«. Doch dadurch sollten Sie sich nicht beirren lassen. Als Kanidenbeobachter kann ich Ihnen versichern, dass es uns nach Rangstatus regelrecht süchtigen Primaten gut zu Gesicht steht, unser leicht gestörtes Sozialverhalten besser an den Hunderttausende Jahre alten moralanalogen Grundwerten von Hundeartigen auszurichten. Wo kämen wir denn sonst hin? ∎

Hundemütter zeigen dem Nachwuchs deutlich,
wie weit er gehen darf. Das sollten Sie auch.

Durchleben Hunde wie Kinder Trotzphase und Pubertät?

NINA RUGE: Ein paar Monate nach dem Einzug fielen alle unsere Hunde in eine regelrechte Trotzphase, wie ich sie bis dahin nur von kleinen Kindern kannte: Mir schien, sie entdeckten, dass es ein »Ich« und ein »Du« gibt. Sich selbst (»Ich«) nahmen sie sehr ernst. Mich (also das »Du«) duldeten sie nur, solange ich ihre Kreise nicht störte. Alle drei waren ordentliche Dickschädel. Und ich? Ich war immer im Zwiespalt. Ich wollte klar sein, konsequent sein, aber sie auf keinen Fall verängstigen. Ich wollte nicht mit der Hand klapsen (oder zumindest nur sehr selten), den Schnauzengriff nur in Notfällen anwenden und die renitenten Kerlchen möglichst gar nicht auf den Rücken werfen. Dass ständiges »Nein!«-Brüllen nichts brachte, sah ich schnell ein. Ich befand mich also im typischen Dilemma der modernen Elternschaft: Konsequenz gerne, aber immer liebevoll. Das Tier nur ja nicht verunsichern, schließlich soll es auf keinen Fall Angst vor deinem Körper, deinen Armen oder Händen entwickeln. Ich empfand diese Zeit als sehr anstrengend, weil ich immer ein schlechtes Gewissen hatte. Gehe ich zu weit? Lasse ich zu viel durchgehen?

Was geht nur in meinem Hund vor?
Um überhaupt eine Linie zu befolgen, habe ich mich geflissentlich am Verhalten von Muttertieren orientiert. Was mir nicht passte, wurde sofort korrigiert. Und danach war ich wieder bereit zu kuscheln. Das hat in den Trotzphasen gut funktioniert. Zumindest eine Zeit lang. Mit etwa zwei Jahren hatte Lupo dann eine regelrechte Rüpelphase. Wenn ich nur an seinen Aussetzer denke. Kein Tag verging, an dem er nicht aus heiterem Himmel seine durchgeknallten fünf Minuten bekam. Meist nachmittags und immer im offenen Gelände raste Lupo dann los wie von der Tarantel gestochen. Er donnerte Steilhänge herab, überschlug sich auch mal, rannte im Affentempo durch dichtes Gestrüpp, schlug Haken, hechtete über Gräben, ohne abschätzen zu können, wo er landen würde: Mir blieb jedes Mal das Herz stehen. Was hätte in diesen Momenten nicht alles passieren können. Es grenzt an ein Wunder, dass er sich trotz seines Übermuts nie verletzte.

>> *Vroni vom Katzenjagen abzuhalten und Lupo vom Turboschnüffeln samt Leinezerren sind Herausforderungen, an denen ich noch immer arbeite.* «

Den Abschluss dieser zirkusreifen Veranstaltung bildete oftmals eine gemeine Attacke. Auf mich. Lupo nahm Anlauf, rannte auf mich zu und sprang hoch in die Luft, um mich heftig in den Ellbogen zu zwicken. Ich schimpfte zurück, und oft gelang es mir, ihn zu packen und auf den Boden zu werfen. Was er natürlich gemein fand. Oder ich habe ihn ins Haus gezerrt und ihn erst einmal ins Klo gesperrt. Irgendwann habe ich es dann mit einem kräftigen Wasserstrahl aus einer Kunststoffflasche versucht. Kaum

hatte Lupo Anlauf in meine Richtung genommen, zischte ihm ein ordentlicher Strahl Wasser ins Gesicht. Das saß. Denn Lupo war zwar ein kleines Scheusal, aber ein total wasserscheues.

Woher kommt diese Aggression?

Zum Glück sind diese Zeiten lang vorbei. Im Nachhinein bin ich überzeugt, es war der Überschwang der männlichen Hormone. Jetzt sind sie offenbar im Gleichgewicht. Denn Lupo ist ein Traumtyp geworden. Aber bis es so weit war, habe ich auch viel mit ihm trainiert: Er musste immer an die Leine, wenn wir das Grundstück verließen. Das Gleiche galt, wenn wir zurückkamen. Denn in der Regel startete sein Anfall, wenn wir den Zaun passierten. Ich schlang seine Leine um einen Baum, ging weg, kam

Ab in die Büsche: In der Pubertät »vergessen« manche Hunde, wie sie sich benehmen sollten.

159

Bis zu einem gewissen Grad ist es normal, wenn der Hund mal »spinnt«. Aber irgendwann ist Schluss.

wieder und freute mich ganz arg. Seine Anfälle dagegen ignorierte ich, drehte mich einfach weg und beachtete ihn gar nicht – oder versuchte es jedenfalls. Schließlich hatte ich überall gelesen, dass diese Methode am besten wirkt, um Hunde wieder zu Verstand zu bringen. Doch was geschah? Lupo griff mich von hinten an. Ich versuchte also etwas anderes: Deeskalieren, freundlich, ganz leise und beschwichtigend reden, defensiv rumstehen. Doch das stachelte ihn noch weiter auf. Er kläffte wie geisteskrank und sprang wie der Teufel aus der Kiste. Es war einfach schrecklich.

Alles eine Frage der Zeit?

Heute ist das Ärgste überwunden. Im Alltag dominiert ganz klar die Harmonie – und im Alltag dominiere ich. Ich habe den Eindruck, dass sich Lupo in diesen »geklärten Verhältnissen« richtig wohlfühlt und die ausgefochtenen Kämpfe seinen Seelenfrieden fördern. Das Beste aber ist, dass er mir meine Korrekturen nicht übel genommen hat. Wahrscheinlich ist es einfach so, dass junge Hunde sich erst einmal selbst finden müssen und dazu auch eine gewisse Anti-Haltung nötig ist. Und wenn die Phase überwunden ist, läuft alles wieder glatt. ∎

GÜNTHER BLOCH: Protestieren und Rebellieren ist seit jeher das Privileg der Jugend; diese Weisheit gilt für Hund und Mensch. Wie unsere Kinder testen junge Hunde vor allem in den Teenagerjahren, dieser entscheidenden Entwicklungsphase, permanent ihre Grenzen. Sie wollen wissen, wo sie stehen, wo genau ihr Platz innerhalb einer sozialen Gruppe ist. Doch wir vergessen im Umgang mit den altersbedingt so typischen kindlichen Trotzphasen bisweilen, auf unser Bauchgefühl zu vertrauen. Wir grübeln und denken zu viel. Machen aus jeder Mücke einen Elefanten. Und handeln viel zu selten einfach instinktiv. Das ist unser Kernproblem. Denken Sie in diesem Zusammenhang nur einmal daran, wie hysterisch viele Menschen reagieren, wenn sie sehen, wie zwei Hunde »aggressiv« kommunizieren. Kaniden brummen, knurren und zeigen ihre Zähne, um sich artgemäß zu unterhalten. Was Leuten wie mir eine traumhafte Gelegenheit bietet, Hunde besser verstehen zu lernen, treibt dem gemeinen Hundehalter Schweißperlen auf die Stirn. Kanideneltern dagegen handeln stets intuitiv und greifen sofort ein. Sie vermeiden dabei keine Konflikte und regeln, was es zu regeln gibt. Sie überlegen nicht lange, sondern verfügen vielmehr über die besondere Gabe, spontan und angemessen auf die Konfliktsituation zu reagieren.

> *» Auch meine Vierbeiner mussten im frühen Jugendalter erst lernen, dass sie sich nicht alles erlauben können. «*

Erziehung ist kein Kinderspiel

Ach, wäre es schön, wenn alles stets harmonisch abliefe. Wenn wir unsere Ziele ausnahmslos über Nettigkeiten beziehungsweise dadurch erreichen könnten, dass wir Fehlverhalten einfach ignorieren. Doch die Realität sieht anders aus. Das musste auch ich als ehemaliger Hippie erst schmerzlich lernen. Menschen verhalten sich eben nicht alle kooperativ beziehungsweise empathisch. Warum soll also das, was bei Kindern nicht funktioniert, ausgerechnet bei Hunden klappen? Wo sich doch gerade Kaniden sehr konsequent und ausdauernd verhalten – ganz im Gegenteil zu uns Menschen.
Auf den Punkt gebracht: Erziehung ist anstrengend, zeitraubend, mit gelegentlichen Rückschlägen und Auseinandersetzungen verbunden. Das sind wohl einfach die ungeschriebenen Gesetze eines Gruppenlebens.

Körpereinsatz ist wichtig

Zum Thema Klaps, Schnauzengriff, auf den Rücken werfen und Co.: Wer sich, wie ich und viele andere Verhaltensforscher, Wolfs- und Hundeeltern zum Vorbild nimmt, hat nichts dagegen, gelegentlich auch einmal körperbetont in Konflikte einzugreifen. Anhänger der »Deeskalationstheorie«, die jedes Stopp- und Abbruchsignal sofort zur Gewaltmaßnahme erklären, geben sich in dieser Hinsicht zwar gerne ethisch-moralisch entrüstet. Doch nicht nur ich, sondern auch alle mir bekannten Kanidenforscher sind der Meinung, dass man noch lange kein böser, Gewalt verherrlichender Tyrann ist, bloß weil man seinen Hund mal zwickt oder zur Seite schubst. Ich kann daher jedem

>> *Man sollte den Hund nicht beschwichtigen, wenn er sich schlecht benimmt, sondern ihm klar sagen und zeigen, dass man sein Verhalten nicht duldet.* <<

Hundehalter nur immer wieder raten, sich in eine Beziehung mit dem Tier, so oft und gut es geht, auch körperbetont einzubringen, etwaige Konflikte anzunehmen und sich ihnen zu stellen. Das Problem zu ignorieren, in der Hoffnung, dass sich die ganze Angelegenheit irgendwann von selbst erledigt, bringt herzlich wenig. Das ist nicht anders als im Umgang mit Kindern: zu wenig Zeit, zu wenig Wille für nervenraubendes Engagement in Konfliktsituationen, zu wenig natürliche Autorität.

Kein Freischein für Gewalt

Damit wir uns nicht missverstehen: Jeder Hundehalter, der es – womöglich in aggressiver Grundstimmung – ständig nötig hat, seinem jugendlichen »Rebellen« ein familientaugliches Regelwerk zu vermitteln, um Anerkennung zu erlangen oder Ressourcen abzugrenzen, hat seinen Stand als »Leittier« längst verloren. Wer hundliche Verhaltenskontrolle ausnahmslos mit irgendwelchen Chef-Allüren in Verbindung bringt, hat das System des Konfliktmanagements nicht verstanden. Denn bei den Kaniden bedienen sich nicht nur Ranghohe dieses »Werkzeugs«, sondern auch Rangniedrige. Schließlich hat jedes Gruppenmitglied das Recht zum Protest. Das bedeutet: Wenn ich ständig aggressiv bin, handelt auch der Hund überproportional häufig mit defensiven Aggressionsbekundungen.

Die verrückten fünf Minuten

Selbstverständlich reifen Hunde mit zunehmendem Alter. Trotzdem nehme ich an, dass Lupo wie jeder andere erwachsene Hund auch heute noch ab und an einen seiner »5-Minuten-Anfälle« bekommt. Alles andere würde mich doch sehr wundern. Ausgewachsene Hunde haben jedoch neben vielen anderen Dingen gelernt, dass die menschliche Haut dünner ist als die ihrer Artgenossen und dass es für sie alles andere als vorteilhaft ist, wenn sie zu übermütig werden. Nichtsdestotrotz müssen junge Kaniden ihren »Irrsinn« ausleben dürfen! Die »verrückten fünf Minuten« sind aus verhaltensbiologischer Sicht ein völlig normales Kanidenverhalten, das auch Wölfe regelmäßig zeigen – am häufigsten natürlich Jungtiere. Die »Ausraster« helfen dem Tier, einen Ausgleich zu schaffen zwischen Langeweile und Übererregung. Diese Balance zu finden ist wichtig und richtig. Als Hundehalter braucht man im Grunde genommen gar nichts dagegen tun. Allenfalls wenn die fünf Minuten wie bei Lupo etwas ausarten (wobei ich sein Zwicken keinesfalls als Gemeinheit, sondern schlicht als momentane Übermutsbekundung definieren würde), sollten Sie klare Verhältnisse schaffen. Am besten gelingt dies, indem Sie dem Hund mit festem Schritt entgegengehen und dazu eventuell auch noch ein Abbruchsignal kombinieren, zum Beispiel indem Sie laut in die Hände klatschen. Unter ihresgleichen sorgen Hunde nach demselben Muster sofort für klare Verhältnisse. Sie regeln solchen Übermut entweder durch gezielt eingestreutes Drohverhalten (zum Beispiel Zähneblecken und ins Leere schnappen) oder starten eine Gegenattacke, indem sie den »Angreifer« anrempeln oder überrennen. Ganz nach dem Motto: Herumtoben – ja! Zickzack- oder Im-Kreis-Laufen – ja! Die momentane Stimmungslage der Übererregung signalisieren – ja! Aber Attacken fahren, ohne kurz vorher abzudrehen oder die »Bremse« einzulegen: Nein! Damit gehst du hier einen Schritt zu weit. Zwicken oder das Bein festhalten tut weh, hör auf, es reicht! Anderenfalls musst du mit unangenehmen Konsequenzen rechnen.

Richtig reagieren lernen

Allerdings beobachte ich immer wieder, dass Hundehalter auf ihre »verrückten« Vierbeiner ganz anders reagieren. Sie versuchen die Situation zu deeskalieren oder das Tier gar zu beschwichtigen. Kein Wunder, in immer mehr Hundeschulen wird ihnen genau dieses Verhalten beigebracht. Ich selbst halte das für falsch. Hunde haben nun einmal – wie Kinder im Übrigen auch – Klärungsbedarf und erwarten daher, dass ihre Gruppenleiter und -leiterinnen ihnen Grenzen setzen. Wie wir aus der Kanidenforschung wissen, haben es Chefs und Chefinnen nicht nötig, Beschwichtigungssignale auszusenden. Wozu auch? Beschwichtigung gilt als freiwillige Geste, die innerhalb einer Beziehung immer von unten nach oben erfolgt – also vom Rangniedrigeren ausgeht.

Im Gegensatz dazu senden Ranghohe (und diese sollten wir Menschen mit Führungsanspruch auch sein) Beruhigungssignale ans »niedere Volk«.

Ich will an dieser Stelle nicht verheimlichen, dass auch meine Hunde normalerweise jeden Morgen im Garten in gleicher Manier um mich herumsausen. Und wissen Sie, was ich dann mache? Ich beteilige mich an diesen »verrückten« Minuten und laufe ihnen entgegen. Daraufhin beginnen die Hunde, Haken zu schlagen – was sie ziemlich schnell außer Puste kommen lässt. Und so stehen sie nach kurzer Zeit einfach nur hechelnd da, haben ihren inneren Ausgleich gefunden. Und gut ist. ■

Der Mensch als »Leittier« muss dem Hund zeigen, wenn er seine Grenzen überschreitet.

Wie beeinflussen Hormone das Seelenleben unserer Hunde?

Udo Gansloßer ist Privatdozent für Zoologie und betreut seit mehreren Jahren zunehmend Forschungsprojekte über Hunde. Er weiß, dass das Verhalten und die Entwicklung unserer Vierbeiner zu einem großen Teil auch von körpereigenen Botenstoffen gesteuert wird.

Udo Gansloßer ist überzeugt, dass Hunde auch unseren Hormonhaushalt positiv beeinflussen.

UDO GANSLOSSER: Das ist ganz typisch! Ihr Hund hat sozusagen eine Qualitätskontrolle an Ihnen vorgenommen. Er hat getestet, ob sein Partner auch in brenzligen Situationen stark bleibt. Ist dies der Fall, bindet sich der Hund besonders intensiv – ganz nach dem Motto: »Wir sind ein super Team, uns kann nichts umwerfen.« Vorausgesetzt, Sie bleiben in den Stressphasen souverän und entspannt, müssen Sie sich nach der Pubertät keine Sorgen über mangelnde Bindung machen.

NINA RUGE: Hat es denn überhaupt nichts mit den Hormonen zu tun, wenn ein Hund in der Pubertät »durchdreht«?

KOMMEN HUNDE IN DIE PUBERTÄT?

NINA RUGE: Ich hatte mit meinem Entlebucher während seiner Pubertät heftige Auseinandersetzungen. Trotzdem haben wir heute eine besonders harmonische Beziehung. Oder konnte sich diese sogar nur aufgrund der Reibereien entwickeln?

UDO GANSLOSSER: Doch, natürlich. Sie dürfen nicht vergessen, dass ein Hund in der Pubertät sogar sein Gedächtnis »verlieren« kann, weil die Hormone sprudeln und im Gehirn jede Menge Neuverknüpfungen stattfinden. Das »Kinderzimmer« wird geistig aufgeräumt und ausgemistet –

>> *Es ist wichtig, sich schon im Vorfeld Gedanken darüber zu machen, welcher Hund zu einem passen könnte.* «

weg von emotionaler Steuerung hin zu einer mehr rationalen Steuerung durch die Großhirnrinde. Der Mensch darf da nicht falsch reagieren. Allerdings gibt es, wie so oft, auch in dieser Phase große individuelle Unterschiede. Mancher Hund fragt monatelang immer wieder die gleichen Befehle nach, während ein anderer sie auf Anhieb akzeptiert.

NINA RUGE: Wie stark kann die Pubertät bei Hunden überhaupt ausgeprägt sein?

UDO GANSLOSSER: Große Hunde können sehr lange in der Pubertät sein. Eine Große Schweizer Sennenhündin wie die Ihre ist erst mit ca. vier Jahren ganz erwachsen. Mindestens bis nach der dritten Läufigkeit wird sich die Pubertät hinziehen.

WAS BEWIRKT EINE KASTRATION?

NINA RUGE: Würde sich die Pubertät von Vroni denn verkürzen, wenn ich sie vorher kastrieren ließe?

UDO GANSLOSSER: Ja, aber sie bleibt dann auf der Entwicklungsstufe stehen, in der sie kastriert wurde.

NINA RUGE: Sie sehen also die Kastration bei Hündinnen kritisch?

UDO GANSLOSSER: Jeder Einzelfall muss individuell bewertet werden. Auf keinen Fall sollte man jedoch vor der ersten Läufigkeit kastrieren. Wer das tut, riskiert auch etliche gesundheitliche Gefährdungen für seinen Hund: von erhöhter Anfälligkeit für Herztumore, Inkontinenz und Gelenkerkrankungen bis hin zu früher Demenz. Im Laufe der Pubertät wird das Gehirn durch den Anstieg der Sexualhormone gewissermaßen »aufgeräumt«, was einen Schutz vor Demenz bewirkt.
Ich empfehle eine Kastration jedoch bei manchen Hündinnen, die regelmäßig starke Scheinträchtigkeiten oder Scheinmutterschaften entwickeln oder während der Läufigkeit extrem aggressiv beziehungsweise depressiv werden.

Wird ein Hund zu früh kastriert, bleibt er in der jugendlichen Entwickungsstufe stehen.

Auch der Beschützerinstinkt von Hundeeltern wird durch Hormone gesteuert.

NINA RUGE: Wie sieht es bei Rüden aus? Wann empfehlen Sie da eine Kastration?

UDO GANSLOSSER: Bei hypersexuellen Rüden, die extrem statusbewusst sind und tagelang furchtbar leiden, wenn eine läufige Hündin im Umkreis ist.

NINA RUGE: Wie sehr können Testosteron-Chips bei der Entscheidung über eine Kastration helfen?

UDO GANSLOSSER: So ein Chip gibt zunächst einen Testosteronschub, sodass die körpereigene Hormonproduktion nach drei bis sechs Wochen gegen null gefahren wird. Attackiert dann ein Hund beispielsweise unbeirrt weiter seine Artgenossen, besonders wenn er an der Leine geführt wird, ist seine Aggression wahrscheinlich eher angstgesteuert.

NINA RUGE: Beeinträchtigen wir denn nicht das Seelenleben, die innere Balance eines Rüden, wenn er nie Sex haben darf?

UDO GANSLOSSER: Überhaupt nicht. Im Hunderudel dürfen 60 bis 80 Prozent der Rüden nie an eine Hündin ran! Ob sie zum Zuge kommen oder nicht, hängt im Sozialverband ausschließlich von der Position in der Rangordnung ab. Rangniedrige gehen leer aus. Sexuelle Selbstverwirklichung ist für uns »Affen« viel wichtiger als für Hunde.

MACHEN HORMONE AGGRESSIV?

NINA RUGE: Hängt denn aggressives Verhalten beim Rüden nicht in erster Linie vom Testosteron ab?

UDO GANSLOSSER: Da muss man sehr genau hinschauen und individuell beobachten. Aggression ist oft mit Unsicherheit oder Angst gekoppelt und hat nichts mit sexueller Aggression zu tun. Oder eine Aggression beruht auf dem Beschützer-Verhalten: Das zeigt der Fall eines kastrierten Rüden. Als sein Frauchen schwanger wurde, verteidigte er es plötzlich im Radius einer sehr großen Individualdistanz und griff alles an, was sich dort hineinwagte. Dieser Rüde hat später auch das Baby verteidigt und die Hebamme in den Po gezwickt, als sie sich über das Kind beugte.

NINA RUGE: Erkennen Sie einen testosterongesteuerten Rüden auf den ersten Blick?

UDO GANSLOSSER: Einen ausgeprägten »Testosterossi« erkenne ich zunächst am Körperbau: Er ist kräftig, stark bemuskelt und tritt völlig anders auf als ein »Softie«. Allerdings: Ein kastrierter Rüde kann genauso heftig reagieren, wenn eine läufige Hündin in der Nähe ist. Er leidet dann ähnlich wie ein voll im Testosteron stehender Rüde, frisst nicht, trauert mehrere Tage über die verpasste Chance. Deshalb geht man heute auch davon aus, dass nicht nur der Sexualhormonspiegel entscheidend für das Verhalten ist, sondern auch die Bindungsstellen für die Hormone im Gehirn. Die bleiben ja unverändert da, wenn ein Rüde kastriert ist.

SPIELEN HORMONE AUCH EINE ROLLE BEI DER BINDUNG?

NINA RUGE: Noch einmal zurück zum weiblichen Geschlecht. Wie verändern Hormone das Verhalten von trächtigen Hündinnen?

UDO GANSLOSSER: Die beiden Hormone Prolaktin und Progesteron machen sie anschmiegsamer, ruhiger, aber auch sehr kontaktbereit und rudelorientiert, um sich für spätere Zeiten die Betreuung der Welpen zu sichern.

NINA RUGE: Und wie ist es mit dem Beschützerverhalten gegenüber dem Nachwuchs? Ist der auch hormongesteuert?

UDO GANSLOSSER: Ja. Wenn Junghunde im Rudel sind, produzieren Hündinnen deutlich mehr Prolaktin. Das kurbelt im Verlauf der Stillzeit nicht nur die Milchproduktion an. Es löst unter anderem auch Brutpflegeverhalten aus – auch beim Rüden, der ebenfalls Prolaktin produziert.

NINA RUGE: Eine letzte Frage: Profitiert denn auch unser eigener Hormonhaushalt davon, wenn wir einen Hund haben?

UDO GANSLOSSER: Eine intensive positive Bindung fördert die Gesundheit und baut Stress ab – bei Mensch und Hund. Für dieses Phänomen ist das Hormon Oxytocin verantwortlich, dessen Spiegel bei Hund wie Halter dauerhaft erhöht ist – und noch akut weitersteigt beim gemeinsamen Schmusen, Spielen, ja sogar nur beim Anschauen. Dieser erhöhte Oxytocinspiegel wiederum festigt übrigens die Bindung. So nimmt alles seinen Lauf …

Zauber der Hormone: Manchmal genügt schon ein einziger Blick, um sich zu entspannen.

Entspanntes Miteinander

Damit Hunde zu jenen treuen Gefährten werden, die wir uns wünschen, brauchen sie unsere Unterstützung. Schließlich müssen sie erst lernen, wie man sich in der Gruppe verhält, was erlaubt ist und was nicht. Das gelingt am besten, wenn der Mensch sie liebevoll und konsequent anleitet.

Müssen schon Welpen in die »Schule«?

NINA RUGE: Lupo fand es vom ersten Tag an großartig, mit anderen Hunden zu toben, um die Wette zu rennen und die eigenen Kräfte zu testen. Vroni dagegen war zwar zu Hause sehr selbstbewusst, auf der Spielwiese mit anderen aber schüchtern, fast schreckhaft. Ich habe mit beiden die Welpenschule besucht und bin bis heute davon fasziniert, wie sehr die regelmäßige Begegnung mit anderen Vierbeinern die beiden geprägt hat. Lupo hat gelernt, dass er weder der Größte, Schönste und Tollste noch der Stärkste ist. Wenn man es so will, hat er sich die imaginären Hörner abgestoßen – ganz einfach, weil er von anderen Rüden eins auf die Mütze bekam und dabei auch mal ordentlich gekniffen wurde. Er blieb zwar ein Draufgänger, wurde aber deutlich umsichtiger. Jetzt guckt er erst einmal, von welchem Kaliber sein Gegenüber ist. Weiß, dass es hin und wieder durchaus Sinn macht, abzudrehen, wenn ein Klitschko-Typ um die Ecke

>> *Im Nachhinein vermute ich, dass Vroni schon sehr früh gelernt hat, sich selbst einzuschätzen.* <<

biegt. Und er hat scheinbar begriffen, dass es für sein Wohlbefinden ungünstig sein könnte, einen anderen Rüden ohne Ende zu provozieren. Kurzum: Er erfuhr in der Welpenspielstunde, wo er anfängt und wo er aufhört. Er lernte sich und seine Kräfte einzuschätzen. Was meiner Meinung nach eine wichtige Voraussetzung für den Seelenfrieden ist. Denn wenn ich mich ständig überschätze, ernte ich doch immer Frust. Vroni, die immer gut gelaunt, extrem tapsig und alles andere als schreckhaft aus der Schweiz zu uns kam, hatte dagegen erst einmal ganz schöne Probleme mit der Welpenschule. Sie wagte sich gar nicht auf die Spielwiese: Sooo viele Gerüche. O je, die anderen Hunde, wie sehen die denn aus? Dabei waren es nur fünf. Aber wahrscheinlich dachte Vroni, es sei besser, den Ball erst einmal schön flach zu halten.

169

Wie animiere ich meinen Hund?

Unser sonst so stürmisches Mädchen schien zu denken: »Nein, kein Kontakt bitte, Mami. Nimm mich bitte auf den Arm, ich bleib nur bei dir.« Vroni setzte sich auf die Wiese und war zu nichts zu bewegen. Leckerli munterten sie wie üblich auf, aber sie blieb trotz allem schüchtern und mied den Kontakt zu den anderen Welpen. Spielaufforderungen fand sie schrecklich und eine ganze »Schulstunde« viel zu lang.

Es dauerte mehrere Wochen, bis Vroni auftaute. Wir versuchten es mit einer anderen Welpenschule, bei der man nur so lange blieb, wie man wollte. Vroni war begeistert, dass sie einfach weggehen konnte, wenn es ihr zu viel wurde. Und plötzlich konnte sie die Zeit bis dahin richtig genießen und im unverbindlichen Spiel mit Artgenossen lernen, ihre Scheu und Zurückhaltung zu überwinden. Heute hat sie eine super realistische Selbsteinschätzung, ein gesundes Ego, das mit Körpergröße und Alter wunderbar gewachsen ist. Im Spiel mit anderen – andere Altersklassen, Rassen, Temperamente. Dutzende Spiegel der eigenen Befindlichkeit, des eigenen Charismas. Ist es tatsächlich so, dass Sport und Spiel mit gleichaltrigen Artgenossen den Hund von Anfang an erden? Ihn lebenstüchtig und selbstsicher machen und seine Seele stärken? ∎

GÜNTHER BLOCH: Ich persönlich bin ein großer Anhänger gut organisierter Welpenspielgruppen. Wo sonst hat der junge Hund Gelegenheit, mit gleichaltrigen Artgenossen zu spielen. Und dabei gewinnen und verlieren zu lernen – die Voraussetzung für eine soziale Grundeinstellung. Übungen wie »Bei Fuß gehen« machen in so einer Gruppe dagegen überhaupt keinen Sinn. Daher würde ich das Ganze auch nicht als »Welpenschule« bezeichnen. Denn Welpen sind altersbedingt noch gar nicht in der Lage, eine feste Personenbindung aufzubauen. Dazu sind sie einfach noch viel zu jung. Praktiziert wird es trotzdem, weil die Sozialisation auf Artgenossen und Personenbindung ständig gleichgesetzt werden, auch wenn es zwei völlig verschiedene Paar Schuhe sind. Ein auf die Art Mensch gut sozialisierter Welpe läuft zu jedem Fremden, wenn der nur einen halbwegs freundlichen Eindruck macht. Je nach Rasse (kleine/mittlere/große Hunde) zeigen auf den Menschen gut sozialisierte Welpen erst im Alter zwischen vier und fünf Monaten »echte« Personenbindung und folgen nun – wie es auch frühjugendli-

Junge Wölfe spielen den ganzen Tag miteinander. Hunde haben diese Möglichkeit selten.

che Wölfe tun – den erwachsenen Tieren einer Gruppe auf erste längere Spaziergänge. Erst jetzt ist der Zeitpunkt gekommen, ab dem das Einüben des »Bei-Fuß-Gehens« für jeden Hund Sinn macht.

Die ideale Gruppe

Damit der Hund von der Welpenspielgruppe profitiert, sollten nie mehr als sechs bis zehn Hundebabys zusammenkommen. Diese Zahl entspricht in etwa einer durchschnittlichen Wurfstärke. Auch kann ich nur davon abraten, jugendliche »Schnösel« in Welpengruppen integrieren zu wollen. Die sind zum einen körperlich überlegen und »prügeln« begeistert auf sensiblen Welpen herum. Zum anderen sind die Jungspunde »geistig« noch unreif und haben viel Blödsinn im Kopf. Welpen kopieren dann den bisweilen übertriebenen Unsinn der »Teenies« und richten sich an ihnen aus. Das Ganze bleibt nicht ohne Folgen: Denn Welpen und frühjuvenile Hunde, die im Umgang mit Artgenossen schlechte Erfahrungen machen (etwa regelmäßige »Mobbingattacken« in der Welpenspielgruppe), tendieren in der nächsten Entwicklungsphase (spätere Jugend und Pubertät) oftmals zu übertriebenem Aggressionsverhalten. Dies betrifft vor allem den Bereich der Selbstschutzaggression zur Verteidigung ihrer körperlichen Unversehrtheit. Ich gehe davon aus, dass kein Hundehalter gerne einen Vierbeiner sein Eigen nennt, der aufgrund schlechter Erfahrungen sich nun selbst so verhält oder auf Artgenossen »einprügelt«. Daher sollte man vorbeugen: Wenn andere Hunde zur Welpengruppe kommen sollen,

Unter gleichaltrigen Hunden kann der Welpe gefahrlos Kontakt zu Artgenossen knüpfen.

sind gestandene, sozial verträgliche Alttiere, die wissen, was sie wollen, sehr viel besser geeignet, für eine gewisse Ordnung zu sorgen.

Lassen Sie dem Welpen Zeit

Dass sich eher introvertierte Charaktere wie Vroni anfangs im Umgang mit zum Teil vielleicht ein wenig zu extrovertierten Welpen schwertun, ist nichts Außergewöhnliches. Am besten schaut man sich das aus der Distanz an, macht erst einmal nichts und greift nur dann ein, wenn der Welpe tatsächlich wiederholt zum Mobbingopfer wird. In so einem Fall stellt man sich schützend vor seinen Welpen und schickt die anderen Vierbeiner einfach kurzzeitig weg – durch ein verbales »Schluss jetzt, haut ab!«. ■

Muss die Rangordnung von Anfang an geregelt werden?

NINA RUGE: Viele Menschen haben eine ziemlich romantische Vorstellung vom »Hundehalten«. Ich selbst schließe mich da nicht aus. Ich habe zwar jede Menge Hundebücher gelesen und mich bewusst für eine bestimmte Rasse und ein bestimmtes Geschlecht entschieden. Aber ich habe mir nie Gedanken darüber gemacht, dass auch ein Rüde, der gut folgt, sich immer wieder an die Spitze der Rangordnung »durchzubeißen« versucht. Meine beiden Mädels waren und sind dagegen ganz anders. Leicht zu begeistern, äußerst entspannt und zugleich selbstbewusst. Ihnen fehlt offensichtlich jeder Ehrgeiz, in der Gruppe »aufzusteigen«. Zum Glück sind aber auch bei Lupo die Flegeljahre vorbei. Es hat einige Zeit und noch mehr Auseinandersetzungen gekostet, doch heute bin ich als Chefin voll akzeptiert. Lupo weiß, wie weit er gehen kann, wenn er zum Beispiel im Park hinter einer verspielten Hündin hergaloppiert oder nachts noch einmal den Garten inspiziert. Dabei scheint er mich immer noch kurz zu vergessen, und das darf er ja auch. Aber er kehrt nach seinen Schnüffelpartien und Spielrunden ganz schnell zu mir zurück. Ja, er leidet sogar regelrecht unter Panikattacken, wenn ich aus seinem Blickfeld verschwinde. Ich habe den Eindruck, als hieße klare Rangordnung

Wenn der Mensch für klare soziale Strukturen innerhalb der Gruppe sorgt, geht es dem Hund gut.

>> *Fehlt die für den Gruppenzusammenhalt unerlässliche Stabilität, kann das Bewusstsein des Hundes starken Verhaltensschwankungen unterliegen.* <<

gleichzeitig auch klare Bindung und ein ausgeglichenes Energieprogramm. Keine überflüssigen Kämpfe, keine nervigen Rangeleien. Habe ich damit recht? Sorgt eine klare Rangordnung für inneren Frieden? ■

GÜNTHER BLOCH: Ich will an dieser Stelle zunächst eins ganz deutlich sagen: Hunde wollen nicht an die Spitze der Rangordnung gelangen. Warum auch? Sie wollen, dass ihre Sozialpartner, also wir Menschen, sie durchs Leben führen. Rüpelhaftes Benehmen hat nichts mit Rangordnung zu tun. Wölfische Leittiere sind keineswegs rüpelhaft. Wären sie es, hieße das, sie befürchteten den Machtverlust – und dann wären sie tatsächlich bald keine Leittiere mehr. Zudem geht es in der Sozialrangordnung um das biologisch höchste Gut: das Recht zur Fortpflanzung. Und dieses spielt in der Mensch-Hund-Beziehung keine Rolle. Ich führe, wenn es um das Thema Rangordnung geht, immer gern ein Beispiel aus dem Hause Bloch an: Unsere eigenen Hunde lümmeln gern auf dem Sofa herum, wenn ich am Schreibtisch sitze. »Wie bitte, auf dem Sofa«, werden Sie jetzt vielleicht denken. Ja, meine Frau und ich haben kein »Dominanzproblem«, wenn unsere Vierbeiner auf der Couch liegen. Auch bei den Wölfen haben die Leittiere kein Problem damit, wenn ein rangniedriges Familienmitglied auf einer Anhöhe schläft oder während

Ruhephasen Körperkontakt zu ihnen hält. Wie gesagt, wir erlauben den Hunden sogar, in unserem Bett zu schlafen. Trotzdem haben Karin und ich unsere Führungsrolle nicht verloren. Ist das nicht wunderbar?

Leittiere sind vor allem souverän

Zugegeben: Auch ich habe als junger Mann noch an den »Alphawolf« geglaubt – jenes mächtige ausnahmslos männliche Leittier, um das sich alles rankt, das alle bewundern und dem sämtliche Gruppenmitglieder bedingungslos folgen. Klar, so wollte ich auch werden. Erst Jahre später, nach meinen eigenen intensiven Verhaltensbeobachtungen an Wolf und Hund entpuppte sich die viel zitierte strikte Hackordnung als reiner Mythos. Nichts davon ließ sich im echten (Wolfs-)Leben beobachten. Stattdessen verfügen Wolfseltern (Leitrüde und Leitweibchen) normalerweise über eine große Portion Charisma. Sie setzen auf soziale Kompetenz anstatt auf dumpfe, statusbezogene »Rangkämpfe«. Die Mär vom Chef, der nichts anderes im Kopf hat, als stets mit Gewalt den eigenen Besitzanspruch durchzusetzen, darf also getrost als überholt betrachtet werden. Deshalb waren meine Frau und ich auch die ersten Freilandforscher, die sich beharrlich weigerten, weiterhin die Begriffe »Alphatier« oder »Rudel« zu verwenden. Stattdessen sprechen wir von Leittieren und Familienverbänden.

Ein eingespieltes Team: Günther Bloch mit
seinem Wolfsbegleithund Timber.

über geht und nicht um subjektive Ansichten über Erziehungsmethoden. In einer klaren Sozialstruktur Mensch-Hund geben wir den Handlungsrahmen vor, innerhalb dessen sich der Hund frei bewegen darf. Wir Menschen entscheiden und setzen durch, was erlaubt ist und was nicht. Es geht nicht an, dass Hunde wegen einer »modernen« Erziehungseinstellung fremde Menschen anspringen oder auf einem Spielplatz Kinder belästigen. Da heißt es, Verantwortung zu übernehmen, unserem Führungsanspruch gerecht zu werden und unseren Hunden ein deutliches »Nein« zu vermitteln. Das ist mit Disziplin gemeint.

Bindung soll Sicherheit schaffen

Mit der Bindung ist es dagegen so eine Sache: Sie kann auch zu stark sein. Der Hund fühlt sich dann in allen Lebenslagen hilflos und läuft seinem Menschen ständig hinterher. Auch gestresstes Dauerhecheln, permanentes »Jammern« und Fiepsen sind Zeichen der Uneigenständigkeit. So ein Verhalten zeigt, dass der Halter Hunde nicht ernst nimmt, sie wie einen Säugling behandelt, ihrer Persönlichkeit beraubt und an die emotionale Kette hängt. Eine »seelische« Strafe. Eine gute Bindung erkennt man unter anderem daran, dass sich ein Hund gerade dann besonders erkundungsfreudig, selbstständig und interessiert an seiner Umwelt zeigt, wenn sein Mensch zugegen ist und ihm die nötige Sicherheit vermittelt. ■

Wir legen fest, was erlaubt ist

Was ich damit sagen will: Wir müssen weg vom Begriff Rangordnung, hin zum Begriff klare soziale Struktur. Hunde sollen und müssen als Bestandteil einer sozialen Mischgruppe, wie es auch die Mensch-Hund-Familie ist, Disziplin lernen, um sich einordnen zu können. Wer wollte das bestreiten? Dennoch ist der Weg dorthin stets eine Gratwanderung zwischen Fürsorge, Liebe, Vertrauensaufbau und dem Klarmachen, was nicht akzeptabel ist. Dies ist vor allem in der Öffentlichkeit notwendig, wo es um Verantwortung der Allgemeinheit gegen-

Wie viel Disziplin braucht ein Hund?

NINA RUGE: Ich war zwar von Anfang an darum bemüht, dass meine Hunde mich als Familienoberhaupt akzeptieren, und war daher mitunter auch ganz schön streng. Geschlagen aber habe ich Lupo nie. Erst als er mit drei Jahren plötzlich anfing, auf andere Rüden loszugehen, ist mir der Kragen geplatzt. Zugegeben, ich hatte einen Freund und Hundebesitzer zu Besuch, der mir vorgemacht hat, wie man sich in so einem Fall richtig verhält. Wir gingen durch die Stadt, mein Freund führte Lupo an der Leine. Ein Rüde kam uns entgegen, natürlich ebenfalls angeleint. Lupo startete Zündstufe eins: Allradantrieb anwerfen, und auf ins Getümmel. Hätte ich ihn gehalten, das Ganze wäre mit Sicherheit in einem Gerangel geendet. Wahrscheinlich hätte ich den Kürzeren gezogen und Lupo zumindest ein Büschel Fell des »Gegners« erwischt. Aber mein Freund hielt Lupo ohnehin schon extrem kurz an der Leine, viel kürzer, als ich es normalerweise tat. Und als Lupo begann aufzudrehen, gab es postwendend mit der Leine einen Klaps auf den Hintern. Ich war irritiert. Das geht doch gar nicht. Völlig veraltete Erziehungsmethode! Erstaunlicherweise zeigte Lupo sich ganz und gar nicht

» *Die Mär vom ›Alphawolf‹, der alles kontrolliert und dominiert, ist zwar noch beliebt, aber grundfalsch.* «

irritiert. Im Gegenteil. Er blickte um sich, als wäre er gerade aus einem merkwürdigen Traum erwacht, und lief ziemlich entspannt weiter. Als der nächste Kerl um die Ecke bog, genügte bereits ein kurzer Ruck am Brustgeschirr, und die Sache war erledigt. Frauchen zufrieden, Hund zufrieden.

Hilft Strafen etwa doch?

Mittlerweile kann ich mit Lupo sogar relativ stressfrei an einem Grundstück vorbeijoggen, hinter dessen Zaun ein höchst aggressiver Kläffer lauert. Früher hätte er mich wie einen Mehlsack quer über die Straße gezerrt, um mit wild gefletschtem Gebiss einen Veitstanz aufzuführen. Jetzt halte ich ihn einfach extrem kurz an der Leine – und spätestens seitdem das Leinenende noch zweimal unsanft auf seinem Hinterteil gelandet ist, hat er verstanden: Eine Gefühlsexplosion gehört sich nicht. Und ich habe kapiert, dass eine starke Hundepersönlichkeit viel Respekt und Freiraum braucht, aber auch ein wirklich starkes Gegenüber. Oder ist die »rustikale« Disziplinierungsmethode zu riskant? ■

GÜNTHER BLOCH: Fachlich ausgedrückt handelt es sich bei dem geschilderten Konflikt zwischen Hund und Mensch um ein »Anführerschaftsproblem« und um die richtige »Stimuluskontrolle«. Wenn ein bestimmter Reiz aus der Umwelt auf den Hund einwirkt (zum Beispiel ein weglaufender Hase), muss der Mensch ihn daran hindern können, diesem Reiz nachzugeben (und dem Hasen hinterherzulaufen). Dafür kann bei dem einen Hund ein deutliches

»Platz« genügen. Ein anderer muss mithilfe eines mehrwöchigen Trainings an der langen Leine dazu gebracht werden, verlässlich zurückzukommen. Die Stimuluskontrolle kann demzufolge je nach Hund zu schwach, zu stark oder eben der Verhältnismäßigkeit angepasst genau richtig sein.

Prävention ist besser als Strafe

Ich persönlich würde einen Hund weder kurz führen (das verrät eher Hilflosigkeit) noch ein Brustgeschirr benutzen (mit dem ist der Hund fast immer einen halben Meter voraus und kann so schwerer kontrolliert werden) oder ihm einen Klaps geben. Stattdessen bin ich grundsätzlich eher ein Freund

Schicken Sie den Hund zu Hause auf den Platz, wenn es Ihnen zu bunt wird.

von Alternativverhalten nach dem Motto »Guck mal, hier«. Dadurch erreiche ich, dass mich mein Hund schon im präventiven Bereich anschaut und ich seine Aufmerksamkeit durch ein wohlwollendes Wort, ein kurzes Streicheln oder ein Leckerli alternativ belohnen kann. Außerdem setze ich vor einer Hundebegegnung auf präventive Bewegungseinengung. Dazu gehe ich einen Schritt auf den Hund zu und begrenze dadurch körpersprachlich-betont demonstrativ seinen Freiraum. Wenn es gar nicht anders geht, verwende ich ein individuell eingesetztes Abbruchsignal (zum Beispiel Fixierblick, Zwicken, Schulterstoß, kurzes Kicken). Bei willensstarken Hunden wie Lupo, die eine disziplinierte Führung brauchen, ist so eine souverän-bestimmende klare Ansage sehr wahrscheinlich unabdingbar.

Kontakt zu Artgenossen verstärken

In vielen Fällen ist plötzliches aggressives Verhalten gegenüber Artgenossen übrigens nicht nur auf die Geschlechtsreife zurückzuführen. Auch mangelnder Kontakt zu anderen Hunden und die einseitige Fixierung auf den Menschen steigert sehr oft die hundliche Verteidigungsbereitschaft sowie das Eifersuchts- und Wettbewerbsverhalten um Sozialpartner, Objekte und andere Ressourcen. Deshalb nochmals mein Appell an alle Hundehalter: Lassen Sie Ihre Vierbeiner im Welpen- und Junghundealter regelmäßig mit ihresgleichen herumtoben, Grenzen erfahren, Erfolgs- und Misserfolgserlebnisse verarbeiten. Nur dadurch wird ein Hund erfahren im Umgang mit Artgenossen. ■

Außer Haus müssen Hunde folgen. Trotzdem sollten sie auch ihren Bedürfnissen nachgehen dürfen.

Ab wann schadet Konditionierung der Seele?

NINA RUGE: Als ich ein Zirkusfestival moderierte, hatte ich Gelegenheit, ein Interview mit dem Trainer der Hundenummer zu führen. Er war der Meinung, dass fast alles möglich sei. Und tatsächlich war es schier unglaublich, wie die Tiere parierten und was für eine hochkomplexe Choreografie sie dem Publikum präsentierten. Bei alldem schienen sie einen Riesenspaß an der Sache zu haben.

Doch kann ich mir da eigentlich so sicher sein? Manchmal frage ich mich, ob wir nicht ein bisschen übertreiben. Was wir alles anstellen mit unseren Zöglingen! Wir lehren sie »Sitz«, »Platz« und »Bleib«. Sie laufen locker bei Fuß, egal, was in ihrer Nähe geschieht. Sie ignorieren Radfahrer, Jogger und kleine Kinder. Sie hören auf ihren Namen und geben Pfötchen, wenn wir das wollen. Sie lernen, sich um die eigene Achse zu rollen, alles zu apportieren, was wir werfen, sausen nicht zur Tür, wenn es klingelt. Sie fressen erst, wenn wir es erlauben, bellen nicht, jagen nicht …

» *In meinen Seminaren versuche ich, behutsam, aber beharrlich klarzumachen, dass sich viele Hundebesitzer mit einem ›Anführerschaftsproblem‹ herumplagen.* «

Vroni und »Sitz«: Das ist eine Sache für sich. Aber wir üben beharrlich weiter.

Das bringt mich zum Grübeln. Wie weit dürfen wir Hunde auf uns fixieren, trainieren, konditionieren? Wie viel Erziehung tut ihrer Seele gut? Gut, ich muss lachen, wenn ich Vroni mühsam zu einem »Sitz!« überreden muss und es gefühlte Viertelstunden dauert, bis sich das Riesenbaby endlich bequemt, den Hintern der Schwerkraft folgen zu lassen. Befehle zu befolgen gehört zu einem entspannten Miteinander. Die Frage ist aber doch: Wie weit soll der Gehorsam gehen? Wie viel freies Hundeleben ist wichtig und richtig für eine gesunde Hundeseele? ■

GÜNTHER BLOCH: Zirkushunde und Glück: ein abendfüllendes Thema. Schließlich konditionieren nicht nur mit Clicker oder Leckerli »bewaffnete« Menschen den Hund, sondern auch seine Umwelt. Die Kunst besteht einzig und alleine darin, einen vernünftigen Kompromiss zu erarbeiten zwischen der Notwendigkeit zu Gehorsamsübungen und der leider weit verbreiteten Angewohnheit, Hunde zu allseits funktionierenden »Automaten« zu degradieren. Wer das hinbekommt, ist fein raus. Wer nicht, muss sich dringend in Selbstbeschränkung und Selbstkontrolle üben. Ganz ehrlich: Roboterhaft trainierte »Sofawölfe« sind für mich die Horrorvorstellung eines Haushundes. Meinen eigenen Vierbeinern würde ich so etwas nie zumuten. Sie sollen Persönlichkeit und Charakter ausstrahlen.

Apropos grübeln: Tausende Haushunde laufen »bei Fuß«, obwohl sie während des Spaziergangs mit schier unendlichen Dingen konfrontiert werden, die sie ablenken. Wer als Hundehalter in der Öffentlichkeit unterwegs ist, hat Verantwortung. Die allermeisten Hunde, die pausenlos daran erinnert werden müssen, nicht an der Leine zu zerren beziehungsweise sitzen oder liegen zu bleiben, sind einfach nur unerzogen. Ausreden bringen nichts. Selbsterkenntnis ist der erste Schritt zur Besserung. ■

Ist Bindung eine unsichtbare Leine?

NINA RUGE: Es ist immer wieder ein großartiges Erlebnis, wenn man einen neuen Hund beim Namen ruft und er mit wehenden Ohren heransaust. Man gehört zusammen, man ist ihm wichtig. Sonst käme er ja wohl nicht so begeistert angaloppiert. Fantastisch! Alles fühlt sich richtig an!

Warum reagiert mein Hund nicht?

Mittlerweile weiß ich aber, dass dies noch lange nicht heißt, dass der Hund von nun an immer so zuverlässig kommt. Damit ich meinem Welpen wirklich wichtig bin, das Zentrum seines Denkens, Wollens und Fühlens (oder zumindest lebenswichtige Orientierung) bleibe, dafür muss ich noch jede Menge Arbeit, Zeit und Herzblut investieren. Wenn ich mich mit Lupo und Vroni zum Beispiel einer befahrenen Straße nähere und auf der anderen Seite verführerisch ein Terrier herüberwedelt, bringt mein »Bleib!« wenig. Ich muss mich trotzdem mit aller Kraft in den Boden stemmen und der doppelten Zugkraft vier kraftvoller Sennenhund-Beine Kontra geben. Wie blöd das wohl aussieht! Was die vorbeirauschenden Autofahrer bloß denken … Ganz ähnlich: Wir unternehmen zu dritt einen Ausflug. Lupo schnüffelt begeistert herum. Vroni hat eine Krähe entdeckt und setzt zum Sprint an: Attacke! Ich weiß genau, was geschehen würde, wenn ich die beiden in diesem Moment abrufen würde: Gar nichts. Aber auch so was von gar nichts.

Nicht immer hindert ein Zaun Lupo und Vroni am Durchstarten, wenn sie »Beute« wittern.

In solchen Situationen neige ich zu heftiger Schnappatmung und Verzweiflungstaten. In ganz harten Fällen setze ich mich hin und meditiere. Sehr zur Freude meiner Hunde, denn nun stört sie niemand mehr. Manchmal mache ich auch kehrt und sprinte einfach in die entgegengesetzte Richtung. Was wahrscheinlich die intelligenteste Lösung ist. Schließlich wollen mich die beiden ja nicht aus den Augen verlieren. Ich denke, die magische unsichtbare Leine zwischen mir und meinen Hausgenossen heißt »Bindung« und ist ein filigraner Mix aus Grenzensetzen, Entschiedenheit und viel, viel Spiel, Spaß und Freude miteinander. Liege ich da richtig? ■

GÜNTHER BLOCH: Bindungspartner sind laut der Ethologin Dorit Feddersen-Petersen daran zu erkennen, dass sie die »Nähe zu einem speziellen Partner« aufrechterhalten. Diese Definition trifft, wie ich finde, den Nagel auf den Kopf. Denn Bindung hat in erster Linie mit Exklusivität zu tun, mit der Bevorzugung eines Gruppenmitglieds gegenüber allen anderen Anwesenden. Bindungsinteressierte Hunde sind stets bestrebt, nach einer sicheren Basis Ausschau zu halten, nach einem spezifischen Bindungspartner. Spaß und Freude sind allenfalls nebensächliche Faktoren und somit weit weniger wichtig als ein hochwertiges Beziehungsangebot.

»Jagdsaison«: Viele können da rufen so laut sie wollen, der Hund hört nicht.

>> *Hunde wollen sich an Menschen binden, die als Leittiere dienen, weil sie einen Lebensplan haben.* <<

Kann tatsächlich jeder Hund lernen, seine Triebe zu beherrschen?

Hunde wollen sich binden

Hunde binden sich bevorzugt an Menschen, die Führung ernst nehmen, soziale Kompetenz ausstrahlen und Schutz vermitteln. Wer seinen Hund verteidigt, wenn nötig auch aktiv, dem wird kein Vierbeiner der Welt seine Gefolgschaft verweigern. Hunde erinnern sich gerne an die besonderen Fähigkeiten eines vertrauenswürdigen Bindungspartners. Ganz offensichtlich lohnt es sich, zielgerichteten Kontakt zu ihm aufrechtzuerhalten. So entsteht nachhaltige Personenbindung, Spezifität.

Doch Vorsicht: Strebt der Hund zu sehr nach exklusiver Bindung an »seinen« Menschen, ist dies mit Vorsicht zu genießen. Wir sollten möglichst alles vermeiden, unsere Hunde zu »hilflosen« Kontakthaltern zu degradieren. Ein guter Gradmesser für eine zu starke Bindung ist, wenn ein Hund massiv unter Trennungsangst leidet. Er bellt und heult dann viel, ist unruhig, gestresst und manchmal auch zerstörungswütig.

Beutefangverhalten kontra Bindung

Wahrscheinlich hat jeder Hundehalter schon einmal eine schulmeisterliche Ermahnung gehört, wenn sein Hund einem Hasen oder Eichhörnchen hinterherraste, ganz nach dem Motto: »Der hat ja wohl gar keine Bindung zu dir.« Dabei haben ein

durch äußere Reize ausgelöstes Beutefangverhalten und Bindung rein gar nichts miteinander zu tun. Wild hetzende Wölfe oder Hunde haben alles andere im Kopf als Bindung. Bei der Verfolgungsjagd auf Beutetiere stehen keine beziehungsrelevanten Fragen an. Wenn ein Hund also nicht gleich auf den ersten Befehl kommt, ist dies ein reines Erziehungsproblem oder, mehr fachlich ausgedrückt, ein »Beutefangkontroll-Problem«. Genau daran müsste man dann arbeiten: mit Gehorsamsübungen über die lange Leine und Reizangeltraining. ■

Ob sich ein jagender Hund abrufen lässt, ist reine Erziehungssache und keine Frage der Bindung.

Wie baue ich am besten eine Bindung zum Hund auf?

NINA RUGE: Manche Hunde sind wahre Sonnenscheinchen. Sämtliche Zweibeiner liegen ihnen zu Füßen. Wenn sie auf die Hundwiese kommen, finden sie sofort Freunde. Es scheint, als würden alle nur auf so einen verspielten, selbstbewussten Artgenossen warten, der verrückt darauf ist, sich mit ihnen auszutoben.

Zu meiner großen Freude war Lupo von Anfang an auch so ein »Glückskind«. Schon als Welpe gab es für ihn nicht Schöneres, als mit andern Hunden zu toben. Rennspiele, Raufspiele, Rangelspiele waren für ihn das Größte. Und ich freute mich, weil ich dachte, dass er auf diese Weise prima sozialisiert wird. Wir verbrachten unendlich viele gemeinsame Stunden im Park. Merkwürdig war nur, dass Lupo mir einfach nicht gehorchen wollte. Spannend war das Hundeleben scheinbar nur mit den Artgenossen. Ich dagegen war stinklangweilig. Ich stand ja nur am Rande der Wiese herum und spielte zu Hause mit ihm Bällchen.

Warum folgte Lupo nicht?

Das änderte sich erst, als ich völlig neue Saiten aufzog. Die Hundewiese war ab sofort tabu, gespielt wurde nur noch mit Frauchen. Frisbee, Reizangel, den Ball verstecken oder werfen: Plötzlich wurde ich interessant, und Lupo kam angesaust, wenn ich ihn rief. Seitdem brauche ich keine Angst mehr zu haben, dass er mit jedem x-beliebigen Fahrradfahrer das Weite sucht, bloß weil ein

Hund an dessen Seite trabt. Ich habe gelernt: Dieser Rüde braucht neben jeder Menge Liebe, Sorge und Bewunderung auch eine klare Orientierung. Dabei geht es jedoch nicht nur darum, brav irgendwelchen Befehlen zu gehorchen. Das hatte Lupo schon früh gelernt. Sitz, Platz, Bleib: für meinen Schlaumeier war das alles kein Problem. Zu einer starken Hundepersönlichkeit gehört auch eine ganz starke Bindung. Und die entsteht nicht automatisch, nur weil man den Welpen fünfmal am Tag füttert, ihn ab und zu streichelt und mit ihm die Welpenspielstunde besucht. Die entsteht, wenn man gemeinsam tolle Dinge erlebt. Ausflüge macht, miteinander tobt oder einfach mal zusammen herumliegt. ■

GÜNTHER BLOCH: Jeder Hund braucht neben Liebe und Fürsorge eine klare Orientierung. Bindung entsteht weder von heute auf morgen noch allein durch Bällchenspiele. Gemeinsam tolle Dinge zu erleben ist gewiss wichtig. Aber Bindungsbereitschaft hat vor allem etwas mit Exklusivität zu tun. Hunde binden sich am liebsten an diejenigen Menschen, die in brenzligen Lebenslagen Verantwortung übernehmen. Und sie binden sich vermehrt an den, der sich als Gruppenleiter auch einmal ganz gezielt abgrenzt, der weiß, was er will, und eben auch mal nicht für Spaß und Spiel zur Verfügung steht. Wir müssen also keinesfalls rund um die Uhr als Spielpartner und »Streichelmaschinen« zur Verfügung stehen.

Ausgetrickst! Bei dieser Partie hat Lupo den Ball gleich eindeutig verloren.

Hunde brauchen Körperkontakt. Nur so wissen sie, zu wem sie gehören.

Genau dies ist das wölfische Prinzip: einen »Lebensplan« vorleben, Idolfunktion haben, nachahmenswerter Gruppenleiter sein, zu dem man aufschauen kann – und das alles ohne Sitz, Platz oder sonst was.

Bindung ist mehr als Gehorsam

Wenn ein Hund derartige Befehle ausführt, ist das noch lang kein Zeichen dafür, dass er seinen menschlichen Sozialpartner generell anerkennt. Es gibt viele Hunde, die Sitz und Platz gut beherrschen, aber im Alltag trotzdem ungehorsam beziehungsweise sehr schlecht zu kontrollieren sind. Und genauso kenne ich auch extrem menschenbezogene superfriedliche Hunde, die überhaupt kein Sitz können – von Platz ganz zu schweigen. Ebenso erscheint es mir eher als ein glücklicher Zufall, wenn sich Reizangeltraining, Frisbeespielen und Co. auch auf das Rückrufen positiv auswirken. Die Reizangel beispielsweise ist in erster Linie dafür da, das Beutefangverhalten eines Hundes in akzeptable Bahnen zu lenken, und keinesfalls ein »Bindungsbeschleuniger«.

Streicheln und Kuscheln ist dagegen keine Option, sondern ein absolutes Muss. Jeder Hundehalter sollte das Gefühl des »Wir-gehören-zusammen« ganz bewusst fördern. Der sozioemotionale Kontakt ist immens

» Hunde sind hochkomplexe Lebewesen. Sie haben es nicht verdient, nur so zu funktionieren, wie der Mensch sich das vorstellt. «

wichtig, um überhaupt gegenseitiges Vertrauen aufbauen zu können. Man sollte es aber auch nicht übertreiben. Hunde bevorzugen beziehungsweise binden sich nämlich mitnichten an Menschen, die sich sozioemotional instabil verhalten. Wer ständig kuscheln muss und will, ist eben kein Führer, weil er sich eben nicht zwischenzeitlich abgrenzt, um »sein« Ding zu machen. Somit ist Instabilität vielmehr das krasse Gegenteil von Führungskompetenz. Der Hund kann seinen Partner nicht richtig einschätzen, Misstrauen kommt auf. Und wie soll soziales Lernen funktionieren, wenn man als Hund nicht regelmäßig die Möglichkeiten dazu hat zu lernen, dass Gruppenleiter momentan gezielt Eigeninteressen verfolgen, führen und nicht nur ständig kuscheln?

Üben lässt sich nicht vermeiden

Auf einen Punkt will ich ganz besonders eingehen. Es ist nämlich tatsächlich so: Auf der Hundewiese, im gemeinsamen Spiel mit Artgenossen wird ein Welpe hervorragend sozialisiert. Junghunde brauchen neben dem Menschen viele, viele Spielkontakte mit anderen Hunden, besonders mit Gleichaltrigen. Die Erfahrungen, die ein Hund dabei macht, sind unersetzlich. Um Enttäuschungen zu vermeiden, kann ich allen Hundebesitzern aber nur raten, vorher mit dem Hund das Rückrufen zu üben. Das geschieht am einfachsten mithilfe einer langen (Schlepp-)

Leine und viel stoischer Gelassenheit. Üben Sie zunächst ohne das Beisein anderer Hunde, später dann auch in deren Gegenwart, damit Ihr Hund lernt, zu Ihnen zurückzukehren, wenn Sie ihn rufen. Es wäre schade, wenn ein Hund auf das Spiel mit seinesgleichen verzichten müsste, weil er nicht auf seinen Namen hört. Schließlich kann die Umkonditionierung auf Gehorsam, selbst wenn sie mit viel Aufmerksamkeit erfolgt, nicht die Sozialisation mit Artgenossen ersetzen. ■

»Sie müssen dem Hund beibringen, dass es sich immer lohnt, zu Ihnen zurückzukehren.«

Hundehandel – Qual für die Hundeseele

In den letzten Jahren wurden aus osteuropäischen Ländern vermehrt attraktive Rassehundewelpen nach Deutschland »importiert«. Günther Bloch erklärt, warum die Seele dieser Hunde mit Füßen getreten wird und warum Sie diese Hunde nie kaufen sollten.

Hundehandel ist ein brisantes Thema, das in der Politik und Öffentlichkeit jedoch wenig Beachtung findet. Gänzlich illegal ist er nicht. Hundehändler bewegen sich vielmehr in einer rechtlichen Grauzone, die sie nach und nach geschickt ausweiten.

Welpen brauchen viel Liebe und Fürsorge, um unbeschwert ins Leben zu starten.

HUNDE SIND KEINE IMPORTWARE!

So mancher spricht hinter vorgehaltener Hand bereits von einer Art Hundemafia, die relativ ungestört in ganz Europa ihr Unwesen treibt. Ich selbst durfte sogar schon am Rande einer Welthundeausstellung Hundekinder »bewundern«, die in winzigen Pappkartons saßen und dreist und ungeniert direkt aus dem Kofferraum verkauft werden sollten. Woher die Welpen stammen und was nach der Einfuhr mit ihnen geschieht, bleibt weitestgehend im Dunkeln. Kaum jemand fragt nach den zum Teil katastrophalen Haltungsbedingungen für hordenweise vor sich hin siechende Hundewelpen oder will wissen, unter welchen skandalösen Umständen sogenannte Zuchthündinnen dahinvegetieren, um als »Gebärmaschinen« möglichst schnell und möglichst billig Nachwuchs zu produzieren. Vielleicht wollen viele das ja auch gar nicht wissen. Ich schon. Und ich äußere mich zu diesem Thema auch klar und eindeutig. Denn eins ist klar: Zehntausende Hundeseelen nehmen jedes Jahr aufs Neue massiv Schaden. Mit angeknackster Psyche und zahllosen gesundheitlichen Problemen landen die eingeschleusten Welpen beinahe unweigerlich auf dem Behandlungstisch der deutschen Tierärzte. Das vermeintlich preiswerte »Schnäppchen« wird dann schnell zum finanziellen Abenteuer. Von den Auswirkungen auf die Hundepsyche ganz zu schweigen. Und die Lage wird immer bedrückender. Glaubt man den wenigen Medienberichten zum Thema, steht es unverändert schlecht um die geschundene Gattung Hund. Auf der europäischen Politbühne tut sich derweil gar nichts. Es fehlt der nötige Druck aus der Bevölkerung. Wer sich also entrüstet, sollte aktiv werden, damit endlich EU-weit einheitliche Gesetze gegen den Hundehandel verabschiedet werden.

Hunde sind kein Spielzeug oder Accessoire, sondern mitfühlende Lebewesen.

KEINEN DEUT BESSER: MASSENZWINGER

Auch in unseren heimischen Gefilden tobt ein gewinnbringender Kampf um »ahnungslose« Hundenarren. Es gibt viele Massenzwinger, die nur eins wollen: Hundekinder an den Mann bringen, koste es, was es wolle. Zwar werden einige dieser »Zuchtstätten« nach langem Hin und Her tatsächlich geschlossen. Kurze Zeit später jedoch öffnen sie unter anderem Namen erneut die Pforten. Unglaublich! Ich frage mich seit Langem, wie es möglich ist, dass sich noch immer Menschen finden, die von so einem »Züchter« einen Hund erwerben. Ach, wie schnell wir die schrecklichen Berichte über gesundheitlich und psychisch angeschlagene Welpen doch vergessen. Das ist der eigentliche Skandal! Seit Jahrzehnten mahnt unsereins Hundeliebhaber, unter gar keinen Umständen einen Spontankauf in einem Massenzwinger zu tätigen. Rät, vor dem Kauf eines Hundebabys die Mutter, das soziale Umfeld und die prägenden Lebensbedingungen genau zu begutachten. Wir selbst bieten seit vielen Jahren auf der Hundefarm Eifel eine kostenlose Beratung vor dem Hundekauf an. Jeder, der will, kann sich umfassend informieren. Doch nur wenige nutzen diesen Service. Als habe man von all dem Elend noch nie etwas gehört …

Welpen aus Massenzucht haben keine Chance, ein gesundes Seelenleben zu entwickeln.

MASSENZUCHT IST QUALZUCHT

Bedauerlicherweise hat man erkannt, dass sich zurzeit vor allem mit Kleinhunderassen, die den Beschützerinstinkt in uns wecken, trefflich Geld verdienen lässt. Viele Menschen, die einen dieser winzigen Welpen in den Händen halten, schmelzen regelrecht dahin und sind kaum noch fähig, ihren emotionalen »Ausnahmezustand« unter Kontrolle zu bringen. Doch manchmal muss man im Leben einfach einmal gefühlsmäßig aushalten, nichts zu tun, und Hundehändler als das entlarven, was sie sind: unmoralische Geschäftemacher. Dass Aufzucht und Haltungsbedingungen für ihre Hunde nichts als seelische Qual bedeuten, ist ihnen völlig egal.

WELPEN BRAUCHEN SICHERHEIT

Dank unserer über Jahrzehnte gesammelten Untersuchungsergebnisse wissen wir, dass für junge Kaniden sowohl die soziale, als auch die Nahrungs- und Umweltprägung einen wesentlichen Einfluss auf die nächste Entwicklungsphase hat. Doch besonders der Umweltprägung wird leider oftmals wenig Bedeutung zugemessen. Noch immer herrscht in weiten Teilen der Hundeszene die Meinung, das ideale

>> *Wer einen Hund aus Massenzucht kauft, rettet keine Seele, sondern unterstützt nur das skrupellose System.* <<

Alter für die Abgabe des Welpen sei acht Wochen. Dabei weiß die Verhaltensbiologie heute, dass nicht alleine die Hundemutter, sondern insbesondere das vertraute heimische Umfeld und das tägliche Interagieren und Spielen mit den Geschwistern dem Hundewelpen jene Sicherheit vermittelt, die notwendig ist, um psychisch und physisch unter optimalen Bedingungen aufwachsen zu können. Daher sollte man möglichst keinen Welpen vor Ende der zehnten Lebenswoche aus dem vertrauten Umfeld herausreißen.

Kein Hundehändler der Welt kann diese Voraussetzung für ein sozial und emotional stabiles Hundekind garantieren; Massenzüchter am allerwenigsten. Welpen aus unbekannter Herkunft sind und bleiben daher Problemfälle, weil sie Schwierigkeiten haben, unbedarft eine Beziehung aufzubauen. Ihnen fehlen aufgrund mangelnder sozialer Erfahrungen und zu wenig Umwelterfahrung in den ersten Lebensmonaten entscheidende Verknüpfungen im Gehirn, um offen, begeistert und vertrauensvoll mit dem Menschen in Kontakt zu treten. Den allermeisten von ihnen hat man schon in der sensiblen Phase ihres jungen Daseins irreparable Schäden zugefügt. Die Welt ist für die »Ghetto-Kinder« alles andere als in Ordnung.

LEBENSLANGE BINDUNGS-UNFÄHIGKEIT

Wir haben mit vielen Besitzern von Hunden aus Massenzwingern gesprochen, die uns von angstaggressiven Verhaltensauffälligkeiten, plötzlichen Panikattacken oder mangelnder Bindungsfähigkeit ihrer Tiere berichtet haben. Auch das Thema Ressourcenverteidigung steht häufig auf der Tagesordnung. Wer als Welpe beispielsweise mangelhaft ernährt wurde, betrachtet den Menschen in der Nähe seiner Futterschüssel nicht immer als Sozialpartner, sondern gerne auch mal als Nahrungskonkurrenten. Schließlich hat man schon sehr früh gelernt, dass man sich im Wettbewerb um Futter aggressiv durchsetzen muss. Hauptsache, das blanke Überleben ist gesichert.

Tiefes Misstrauen gegen alles und jeden ist ebenfalls ein häufig geschildertes Problem. Und wenn sich Massenzwingerhunde einmal zu Hause fühlen, zeigen sie oft ein extrem übersteigertes Revierverhalten

und »schreien« sich angstaggressiv gestimmt die Seele aus dem Hals, sobald Besuch kommt. Denn fremde Menschen werden als Bedrohung empfunden – gezwungenermaßen. Verzweiflung allerorten. Unsere Erfahrungen zeigen, dass kaum eine Maßnahme in Richtung vertrauensvoller Beziehungsaufbau nennenswerten Erfolg bringt. Wie auch, wenn schon die Grundvoraussetzungen dazu fehlen? Menschen, die sich für einen Hundewelpen interessieren, müssen sich mündiger verhalten und sich genau informieren. Sie sollten wissen, was sie bei einem Massenzüchter erwartet. Vor allem aber sollten sie sich auf emotionaler Ebene nicht überrumpeln lassen. Meiden Sie als verantwortungsvoller Welpeninteressent Hundehändler und Massenzwinger. Der Gattung Hund zuliebe!

Der Mensch muss Verantwortung für den Hund übernehmen – von Anfang an.

Register

Bücher und Adressen, die weiterhelfen

Bücher

Beck, Elisabeth: **Wer denken will, muss fühlen:** Mit Herz und Verstand zu einem besseren Umgang mit Hunden. Kynos

Birmelin, Immanuel: **Tierisch intelligent: Von schlauen Katzen und sprechenden Affen.** Franckh-Kosmos Verlag

Bloch, Günther/Dettling, Peter A.: **Auge in Auge mit dem Wolf: 20 Jahre unterwegs mit frei lebenden Wölfen.** Franckh-Kosmos Verlag

Bloch, Günther/Radinger, Elli H.: **Affe trifft Wolf: Dominieren statt kooperieren? Die Mensch-Hund-Beziehung.** Franckh-Kosmos Verlag

Bloch, Günther/Radinger, Elli H.: **Wölfisch für Hundehalter: Von Alpha, Dominanz und anderen populären Irrtümern.** Franckh-Kosmos Verlag

Bloch, Günther: **Der Wolf im Hundepelz: Hundeerziehung aus unterschiedlichen Perspektiven.** Franckh-Kosmos Verlag

Feddersen-Petersen, Dorit U.: **Hundepsychologie: Sozialverhalten und Wesen.** Emotionen und Individualität. Franckh-Kosmos Verlag

Gansloßer, Udo/Krivy, Petra: **Verhaltensbiologie für Hundehalter:** Das Praxisbuch. Franckh-Kosmos Verlag

Horowitz, Alexandra: **Was denkt der Hund? Wie er die Welt wahrnimmt – und uns.** Spektrum Akademischer Verlag

Lindner, Ronald: **300 Fragen zum Hundeverhalten.** GRÄFE UND UNZER VERLAG

Mack Anja/Wolf, Kirsten: **Dog-Coaching.** GRÄFE UND UNZER VERLAG

Wechsung, Silke: **Die Psychologie der Mensch-Hund-Beziehung: Dreamteam oder purer Egoismus?** Cadmos

Wolf, Andrea: **Dein Hund – dein Spiegel. Was das Verhalten des Tieres über seinen Menschen verrät.** Koha Verlag

Zeitschrifen

Dogs. Gruner + Jahr, Hamburg, www.dogs.de

Der Hund. Deutscher Bauernverlag GmbH, www.derhund.de

Partner Hund. Gong Verlag, Ismaning, www.partner-hund.de

Adressen

Verband für das Deutsche Hundewesen e. V. (VDH)
Westfalendamm 174,
44141 Dortmund,
www.vdh.de

Österreichischer Kynologenverband (ÖKV)
Siegfried-Marcus-Str. 7,
A-2362 Biedermannsdorf,
www.oekv.at

Schweizerische Kynologische Gesellschaft (SKG)
Brunnmattstr. 24,
CH 3007 Bern
www.skg.ch

Hunde-Farm Eifel
Von-Goltstein-Str. 1
53902 Bad Münstereifel-Mahlberg
www.hundefarm-eifel.de

Verein für Verhaltensforschung bei Tieren
Dr. Immanuel Birmelin
Rotackerstr. 28
79104 Freiburg
www.tierverhaltensforschung-birmelin.de

Internetadressen

www.ganslosser.de
Udo Gansloßer ist Privatdozent für Zoologie und einer der Interviewpartner in diesem Buch.

www.sozialkompetente-hundehalter.de
Zweck der »Initiative für sozialkompetente Hundehalter« ist es, das gedeihliche und positive Miteinander von Hundehaltern, Hunden und Nicht-Hundehaltern zu fördern.

www.spass-mit-hund.de
Spiel, Sport und Spaß mit Hunden

Danksagung

Autoren und Verlag danken folgenden Hundebesitzern: Petra Stövesand-Guastella und Hund Trudi; Gudrun Verse und Hund Venja; Dorothea Erpenbeck und Hund Theo; Michael Strieder und Hund Kylie; Judith Bär und Hund Baru; Gabriele Burghard und den Hunden Sally und Eagle. Wir danken außerdem dem Mercure Hotel München Airport, Aufkirchen.

© 2012 GRÄFE UND UNZER VERLAG GmbH, München

Alle Rechte vorbehalten. Nachdruck, auch auszugsweise, sowie Verbreitung durch Bild, Funk, Fernsehen und Internet, durch fotomechanische Wiedergabe, Tonträger und Datenverarbeitungssysteme jeder Art nur mit schriftlicher Genehmigung des Verlages.

Projektleitung:
Nadja Harzdorf, Regina Denk

Lektorat: Sylvie Hinderberger

Bildredaktion: Daniela Laußer, Petra Ender (Cover)

Umschlaggestaltung und Layout: independent Medien-Design, Horst Moser, München

Herstellung:
Susanne Mühldorfer

Satz: Christopher Hammond

Reproduktion:
Longo AG, Bozen

Druck: aprinta, Wemding

Bindung: m.appl, Wemding

Umwelthinweis
Dieses Buch ist auf PEFC-zertifiziertem Papier aus nachhaltiger Waldwirtschaft gedruckt.

ISBN 978-3-8338-2645-0

1. Auflage 2012

 www.facebook.com/gu.verlag

Ein Unternehmen der
GANSKE VERLAGSGRUPPE

Bildnachweis
Cover: Plainpicture (Helge Sauber) / U4: GettyImages (Tails) Debra Bardowicks: 4–5, 6, 8–9, 10, 12, 13, 14, 15, 17-1, 17-2, 20, 21, 22, 23-1, 23-2, 24, 28-1, 35, 39, 40-1, 40-2, 41, 42, 43-1, 43-2, 44-1, 44-2, 45, 46-1, 46-2, 49-1, 49-2, 51-1, 51-2, 52, 54, 55, 57, 59, 62, 64, 65, 66-1, 66-2, 67, 68-1, 68-2, 69-1, 69-2, 71, 73, 74, 76, 78, 79, 80, 81-1, 81-2, 83, 84, 85, 86-1, 86-2, 90–91, 92, 95, 99-1, 99-2, 100, 101, 102-1, 102-2, 103, 108-1, 108-2, 111, 114, 116, 120, 121-1, 121-2, 123, 124, 125, 128, 129, 130, 131, 134, 138-1, 138-2, 140, 151, 152, 153, 154, 156-1, 156-2, 160, 163, 165, 166, 167, 171, 172, 176, 178, 179-1, 179-2, 183, 184, 187, 188; Ulla Bergob: 7-1, 164; Corbis: 36, 53; Konstantin von Eulenburg: 2–3; Fotofinder/Okapia: 170; Gaby Gerster: 25, 38, 48, 97, 105, 110, 117, 122, 141, 185; Getty Images: 18, 19, 30, 34, 118, 158; Oliver Giel: 26, 47, 50, 75, 77, 87-1, 87-2, 89, 96, 98, 107-1, 107-2, 112, 126, 142, 144, 145, 146, 148-1, 148-2, 149-1, 149-2, 186, 189; Heiner Orth: 29-1, 29-2, 137-1, 137-2, 168; Imke Lass: 174; Naturepl: 16, 32; Scruffy Dogs: 60–61, 132–133, 139, 159-1, 159-2, 177, 180, 181, 182-1, 182-2; Superstock: 28-2, 31, 33, 113, 154

Syndication:
www.jalag-syndication.de